U0059746

大都會文化
METROPOLITAN CULTURE

就定位

10 堂課 屁股管理學
變身職場鋼鐵人

前 言

面對職場生涯，你，準備好了嗎？

不論是初入職場的初生之犢，或是熬過多年苦頭終於升上小主管職位的管理新手，抑或是在工作場域打滾多年的大主管、老屁股，每個人，是否都已經「就定位」？是否對於自己所在的職位已經有所了解？還是往往犯下「越位」的大錯而不自知？

「Where you stand depends on where you sit」──邁爾斯定律是這麼告訴我們：職位決定了我們的立場；而立場，又將決定我們思考的方式與作事的方法，換句話說，正是屁股決定了腦袋。在其位謀其事，在什麼位置就該換上什麼腦袋，不少憑著工作專業進而躍升為組織領導者的人，往往仍是思考著如何「把事做好」；卻忘了領導者該做的事，已不再只是專業的技術工作，而是「領導」。領導者不是個完美的工作機器，也不該是；你該做的，是規劃、是監督、是統籌，只有當你放下執行者的身分，在管理者的位子上就位，才能用領導者的高度指揮團隊應該前行的方向。

「沒那個屁股，就別吃那個瀉藥」──這句充滿笑鬧的台灣俗諺寫實而生動的描繪出了工作與能力的對應關係──什麼樣的屁股，就應該坐什麼樣的位子，身為領導者，不但自己應該就定

位，更應該為下屬找到他們最適當的位置，只有位置坐得穩了，他們才能定下心來全力為團隊打拼。

庸才、蠢材、英才都是人才，只有不會用人的主管，沒有一無是處的廢才！身為下屬，固然要揣度上司的心意；但身為主管，更應該挖掘出每個人才的優點，唯有彼此互相了解，才能合作無間，才能齊步開創團隊共同的未來。

「人」是最偉大的資源！越是卓越的領導者，越會尊重和珍惜每個人的存在，學會重視團隊並建立共同的目標以及創造團結的氛圍。身為領導者必須懂得掌握與下屬的互動與心理，瞭解他們的個性與專長，給予明確方向並適度授權、定期稽核也適時支援、循循教誨並正向引導，讓他們成為能獨當一面的專才，使他們能在適當的位置上對未來做好準備。

身為一個上層領導者要站得高才能看得遠，替組織籌擘方向；身為一個中層管理者要負責居中協調，用對的人做對的事；身為一個下屬，要善用上司的眼光來評斷自己的成效，唯有跳脫自我設限的框框，才能看清自己的定位，替未來的晉升做好準備——這些，正是成功的不二法門。

目錄 CONTENTS

1 CHAPTER
對的人，用在對的事

2 CHAPTER
做出高明的用人決策

CHAPTER

3 讓對的人幫你實現夢想

CHAPTER

4 放手讓團隊成長

CHAPTER
5 領導者的自我建設

CHAPTER
6 擴展利益同盟

7 CHAPTER
贏得人心就是贏得力量

8 CHAPTER
抓好做事的關鍵

CHAPTER 1
對的人，用在對的事

人不用心，無法成事；而企業的心正是人！企業無人，
又豈能成功？！

留住團隊中的關鍵人才

你的領導生涯中，是否曾經聽過這樣的話？

「能夠有這個機會成為團隊的一員，我真的很開心。但我
想，也該是我離開的時候了。這跟您沒關係，也不是和同事處的
不好，能和大家一起共事，是我難得的寶貴經驗。但我想，或許
該換個地方，才能有更多的機會來提升自己。」

你可以微笑著祝他順利，並告訴他，要是他還要回來的話，
你很樂意考慮。但是，你的微笑並沒有真正反映你真實的情
感——因為類似的事已非首次，以後也將會繼續發生。

在今天，人才流動速度越來越快，類似於「跳槽」一類的事
不足為奇，也不算是個問題。但若其他公司沒有作出高薪或是升
職的承諾卻仍是能把優秀下屬給挖走，這可能就真是個問題了。
如果原因不是金錢、不是更高的職位，那是什麼呢？這個問題，
你可得要好好想想。

一個公司要向前發展，一個領導者要創造業績，離不開優秀

傑出人才的輔佐，只有這樣才能成就大事。三星集團創始人李秉哲，一直堅持「人才第一」的經營理念。從幾十年前，在韓國漢江河畔，一家銷售大米、麵粉，兼營蔬菜、水果和魚類出口業務的小商鋪，到如今，已成為家用電器和電子行業中執牛耳的品牌。可以說，遠到各朝各代，近到大小公司，若沒有傑出人才效力，王朝是不會興盛，而公司也不會發達。

但人才到底為何離開呢？下面是一些可能的原因：

● 下屬們認為你並不是一個好主管，他們覺得替別的人工作更值得。

● 你的團隊名聲不好。下屬們認為，只要他們不離開這個團隊，晉升的機會就少得可憐。

● 你表現得太想留住下屬。他們認為時間一長，你就會盡力阻止他們離開。這樣他們一有機會就會馬上離你而去。

● 下屬們覺得你不會欣賞他們作出的努力。如果他們一分錢都加不了，那麼至少可以找個能夠賞識自己的老闆。

當然，除了這些還會有很多其他的原因。但不管是什麼，團隊中人才的流失，都將直接威脅到你自身的地位和發展，必須阻止此一現象的持續發生。

領導學專家麥斯威爾說：「辭職的人想離開的是人，不是公司」。首先，仔細反省一下自己的「所做所為」。然後，參考下面的幾條建議：

1. 禮賢下士，招攬人才

招攬傑出人才，不要擔心他們搶走了風頭。有些主管出於嫉妒，常常故意找麻煩東挑西揀地直到最後把有才能的部下擠

走。這樣損失的最終還是自己，削弱了團隊整體的競爭力。

2. 給予利益，留住人才

傑出人才之所以留在身邊，是因為他們希望從你這裡獲得最大收穫，也只有在這種情況下，部下才能最大限度地貢獻力量。所以對於傑出人才要給予一定的優待與利益。

3. 做出調查，弄清原因

你也可以試試另一種方法。調查一下其他公司是怎樣運作的？他們的優勢何在？然後留意別人告訴你的每一條意見，著手進行改革。

4. 該放就放，再想也沒有用

你的手下會不會是「身在曹營心在漢」的下屬？不要小看這一點，如果你的團隊業績平平，或者你緊抓著員工不放，替你工作的人就會心不在焉。你不需要這樣的人，把願意留下來的人留住，該走的就讓他走吧。

一個公司潛力的大小，要看這個公司擁有多少人才，以及對人才重要性認識程度的多寡。傑出人才正是主管手中的一大法寶。

庸才、蠢材、英才都是人才

美國著名的管理學家杜拉克指出：「有效的管理者擇人任事和升遷，都以一個人能做些什麼為基礎。所以，我的用人決定，不在於如何減少人的短處，而在於如何發揮人的長處。」

世界上沒有不存在任何缺點的人，管理者的要訣之一，在於

如何發揮員工的長處，而不是尋找十全十美的「完人」。如果不能見人之長，用人之強，而是念念不忘其短，勢必會產生歧視人、壓制人的現象。

詹姆斯‧柯林斯在《從優秀到卓越》中曾提到，蒙牛集團的用人觀點：「如果你有智慧，請你拿出來；如果你缺少智慧，請你流汗；如果你既缺少智慧，又不願意流汗，請你離開！」在合適的時間、合適的地點，選擇合適的人選，這就是牛根生用人的「三合模式」。人才是否能夠成材，最要緊的還是在於領導者是不是有一種鑑別人的眼光，賦予每個人最適宜的位子，讓人力資源達到最佳配置。這樣一來，員工無需領導者的過度干預，便能把事情處理的有條有理、妥當安適。

但識別人才的眼力並非人人都有。怎樣識別人才？

聽其言、觀其行，不為耀眼的文憑和浮誇的口舌所惑。有的管理者不願看到員工們的缺點，認為一個人的缺點會削減他的能力。但其實，公司裡每一個人若都能毫無保留的暴露自己的缺點，反而是識別人才的大好時機，石頭就是石頭，金子就是金子，管理者要儘量掌握員工的特點，並使之得到充分的發揮，做到人盡其才，物盡其用。那樣，石頭也罷，金子也罷，統統都能成為真正有用的東西。

在職位分配上，合格的管理者會慎重行事，不僅對將要擔任職務之人的責任和義務應有充分了解，對每個下屬的特長更要了解清楚，做到周密的調查，並盡可能聽取各方面意見，「為事擇人，人盡其職」，把員工安排到最恰當的位置上，成為最佳組合。

缺乏識別人才能力的人，儘管他們本身工作非常努力，卻常

常落得因業績不佳而被降級、減薪。他們常常對能力平庸的人委以重任，反而冷落了那些有真才實學的人。其實，所謂的人才，並不是能把任何一件事都做得很漂亮的人，也未必是一個非常聽話、小心謹慎的人，而應當是能在某一方面做得特別出色的人。

李嘉誠在總結自己的用人心得時，曾生動地說：「知人善任，大多數人都會有部分的長處，部分的短處，好像大象食量以斗計，蟻一小勺便足夠。各盡所能，各得所需，以量才而用為原則。就如在戰場上，每個單位都有其作用，而主帥未必對每一種武器的操作都比士兵熟，但最重要的是首領應十分清楚每種武器及每個部件所能發揮的作用……統帥只有明白整個局面，才能做出出色的領導和指揮下屬，使他們充分發揮最大的長處以及取得最好的效果。」

綜觀李嘉誠的創業發展史，在他的身邊，總有些德才兼備、忠貞不貳的專業人才在「李氏王朝」的建造中發揮著主力軍的作用，並得到李嘉誠的賞識和信任。在他組建的高層領導團隊裡，既有具傑出金融頭腦和非凡分析本領的財務專家，也有經營房地產的老手，既有生氣勃勃年輕有為的港人，也有作風嚴謹善於謀斷的洋人。李嘉誠能取得如此巨大的成就，他的集團能成為縱橫東西的跨國集團，是和他「博採天下之長，而為己用」的胸襟和大膽起用各類人才的能力分不開的。

世上成千上萬的管理者失敗的原因，都壞在他們把不適宜的工作加在下屬的肩上，也不管他們是否能夠勝任、是否感到愉快；又或總是考慮下屬的一些雞毛蒜皮的缺點，結果看這個人不能用，看那個人也不能用，這樣的管理者當然要失敗。

如果你能賦予下屬一項適合的重責大任，即便是在艱難的環境下，求勝慾望與激勵的士氣仍能讓他做的出色，將所有的才識、能力施展出來，竭盡全力做到完美。反之，如果你安排的工作與他本身的才能志趣不合，那麼不但會使他灰心，還會產生在目前職位上將無所發展的認知。這樣，他就無法盡心於工作了。

要明白，庸才、蠢材、英才都是人才。事實如此，成功的關鍵在於管理者如何利用不同人才的優勢。用人得當，庸才一樣可以做出英才的業績，蠢材也會成為你的功臣。

下屬個性面面觀

有一鞋業公司，也曾分別派兩個業務員到非洲某島國開發市場，準備拓展業務。其中的一位了解當地情況後，回來報告說：「老闆，大事不妙，此地毫無消費市場，因為人們都是赤足生活，從沒穿過鞋子，所以鞋子再好，也必然賣不出去。」；另一位卻說：「老闆，大有可為，這裡人全都光腳，拓展市場的前景，無限美好，潛力十足。」

同樣的情況，兩位職員卻得到了截然不同的結論，這就是兩人的眼光和角度的不同所致。雄鷹高翔萬里，看到的是地上奔跑的兔子，而金龜子的眼睛裡永遠只有糞球。角度的不同決定了視野的不同。大千世界，沒有兩片相同的樹葉，也沒有兩個人的性格會完全相同。不同性情的人適合做不同的工作。一個卓越的領導者，不一定是才幹超群，但必須具備絕倫的選才與用才的眼光，把握手下人各自不同的性格特徵，量才而用。

你可以觀察一下辦公事中每個人的性格特性：

1. 只會點頭的人

這類人從來不反對或駁斥上司的指示。無論在什麼場合，這種人只曉得做一種動作，點頭同意上司說的每一句話。在他們心裡，只相信一種真理：順上司者昌，逆上司者亡。他們認為，雖然領導者常常表示自己很民主開放，樂於聽取各方面的意見，但實際上絕大多數領導都喜歡下屬贊成自己的提議或想法，而討厭聽到下屬指出他們的問題，因為這無形中已損傷了他們的權威。

這種只會點頭同意的人會在工作中不斷找尋一位強有力的上司來保護他。至於什麼個人尊嚴，早已丟在了九霄雲外。他們最大的目標，就是使本身的「靠山」高興，其他的一切都不管。除非你是一位典型的「昏君」，否則你絕不應該提拔這樣的人，因為這類人除了諸如熟於拍馬屁之外，根本就是缺乏主見，一無是處。

2. 工作勤奮型的人

工作勤奮型的人都有耐心、肯下工夫，彷彿一天 24 小時也不夠他們用的。你可能會比較喜愛這樣類型的下屬。但小心！當你檢查他的工作進度時，很可能令你大吃一驚。因為這類人的工作效率有時低得出奇，往往他們大量消耗時間所堆積起來的一點工作業績，還不如一個懶散的普通員工做得好。

每一位主管都希望看到員工辛勤地、不知疲倦地去工作，但你必須注意，不停工作的下屬未必是最好的下屬。有些人做事不得其法，平白虛耗了精力和時間。勤奮型的下屬固然值得提拔，但你一定先要弄清楚他是否是一個有發展潛力的人。總

之，一定要三思而後行。

3. 善說不善做的人

這類人口齒伶俐能說善道，口若懸河滔滔不絕。乍一接觸，很容易給人留下良好的印象，以為他們知識淵博又善於表達。但是，最好小心他是不是華而不實，將許多時髦理論掛在嘴上迷惑辨識力差、知識不夠豐富的人。

春秋戰國時期的趙王被趙括所迷惑，委以重任，結果大敗而歸。在現實中，善說且善做者固然好，但可惜這樣的人並不多。一般情況下，善說的往往不善做，善做的往往不善說。「伯樂」們要擔起責任，去私情，求公正；少注意表面，多深入探究。

4. 濫竽充數的人

這一類人有一定的社會經驗，知道如何明哲保身，維護個人形象。自己沒有什麼獨到見解，但善於吸收別人的精華。總是在別人後面發言，講前面人講過的觀點和意見。如果其整合得巧妙，那也是一種藝術，使人不能察覺他濫竽充數的本質。不知情者還會以為是精闢見解，並把他當作高人來看待。

這種性質，說嚴重一點，是剽竊，但又不需要負上法律責任。不過這種人雖沒有什麼實際才能，但整合和模仿能力強，也未必不是一種強項，若無貳心，倒也可善加利用。

5. 缺乏創新的人

這些人的特徵是以主管的是非為是非，從衣著的日常小動作，從價值取向到整體的思想觀念，都加以模仿，簡直就是主管的複製品。這種人沒有自我判斷力，缺少自己下決斷的思維

和勇氣，將來很難在工作中有所作為。

　　面對著瞬息萬變的世界，方法也需要隨時隨地的改變。這種下屬缺乏創新能力，只懂得按本行事，可謂之「朽木不可雕也」。

如何選擇人才並教育下屬

　　「開疆拓土」壯大事業的過程中，不可能事必躬親，當然也不應事必躬親，管理者不可能樣樣親自去管。這時便需要委託信得過的人來協助或代為處理。然而，怎樣的人才算是「靠得住」？

　　「靠得住」包含兩個方向：一是他是否能夠勝任，有能力承擔這項任務；二是這個人是否品德有保障，是否對忠心耿耿，願意為管理者出力、賣命，排憂解難。這涉及到一個對人才選擇的標準，到底是品德優先，還是能力優先？

　　當然，所有管理者都希望自己選擇的人是德才兼備之人，畢竟誰都想同時擁有「魚和熊掌」，但萬一「魚與熊掌不能兼得」時，管理者該如何做決斷。

　　三國時，一代梟雄曹操首先提出了選才標準：「唯才是舉」。曹操曾多次下令，公開向全國求賢。他針對東漢選官的積弊，以無畏的膽略，把「德行」、「名節」、「門第」等迂腐無用的選才標準一掃而光，提出了「唯才是舉」的選人標準，極具個性。

　　曹操只注重「才」。但到了現代，我們一般可把人依「德」、「才」劃分為四種，依次為：有德有才、有德無才、無德

有才、無德無才。這個標準體現了儒家傳統的「德本才末」的
觀點。

換句話說：「可靠比有能力更重要」。管理者一般更重視
「德」，尤其是其選擇屬下時，更加注重「德」，也就是忠誠。缺
乏忠誠的人，不論是否有能力，最終都可能只會幫倒忙。因此管
理者應更注重「德」方面的因素。而事實上，即便是曹操的唯才
是舉，「有嚴重品質問題」的，比如堅決反對他的彌衡、孔融等
人，他也是絕不姑息。

大凡管理者選擇下屬，喜歡在「同鄉」、「同學」、「同
宗」、「同門」、「過去同事」等「同」字輩選擇，結果多半為
「同」所害。選擇下屬不應拘泥於「同」字輩，如果非要有個
「同」字，則應以「同心」為首要條件，而「同心」則是在工作
中自然培養。管理者培養下屬必須堅守以下 3 個原則：

1. 堅決貫徹「所愛者，有罪必罰」

管理者平日和屬下在一起，要明確表達自己的主張。解釋
見解時，態度要誠懇，語氣要婉轉，要充分的說明並與他們討
論，使其了解自己的意圖。

管理者在與屬下相處中應正面告知他們自己不會有任何的
姑息縱容，表達信賞必罰的決心。一方面令大家信服，另一方
面對屬下也是一種約束，據以自律，對彼此都有好處。

2. 堅持「嚴守上下分寸」

無論是對國家還是對企業來說，上下之間總有尊卑之分，
有命令或服從的關係。管理者一定要和屬下間把握好這個界
限，不可越此一步。

　　三國時，曹操以勇猛過人的典章、許褚為貼身的保鏢。有一次曹操酒醉臥床，許褚仗劍守衛門外，曹仁欲入，卻被許褚擋住。曹仁自恃曹氏宗族，大發脾氣，許褚毫不相讓，駁斥道：「將軍雖親，乃外藩鎮守之官，許褚雖疏，現充內侍。主公醉臥營上，不敢放入。」

　　許褚說的沒錯，不管是什麼屬下，總有自己應該堅守的本分，有自己必須遵循的規矩，「不以規矩，難成方圓」。曹操知道後，大大讚揚了許褚一番。

　　管理者應該清楚，屬下倘若不能安守本分，就會濫用職權，結黨營私，達到目無法紀的地步，等到想挽救時往往已經太遲。嚴守上下份際，保留重大事項的最後裁決權，乃是維護屬下在既定範圍內不失責亦不越軌的根本辦法。

3. 以心換心，真誠相待

　　管理者對屬下應該以誠相待，真心相通。管理者和屬下之間的關係是願打願挨，毫不勉強。姜太公釣魚，願者上鉤，就如同論語所說：「君子和而不同」，管理者和屬下要「和」卻未必「同」。「和」是指「真情」，而「同」則為「利害」。

　　「強摘的瓜不甜」，管理者若凡事從「情」出發，拿「真心」換屬下的「真心」，那他們將會與管理者同心同德，不會心懷雜念，不做逾越本分的事情。總之管理者若能與其員工同甘共苦，則屬下自然也以「公天下」為重。

勿以個人好惡作為判別標準

　　對人的看法，不能以個人的好惡來決定其好壞。因為人的興

趣、嗜好、性格各有所異，不能只憑自己的嗜好，以己之見來斷定某人。有的領導往往感情用事，看到志趣相投的人，就把他當成了人才。這樣，往往會出現意見單一化的「人才小圈子」，而埋沒了很多為領導者所「不了解」的人才。

在一次工商聚會中，A 老板對某成功企業家說：「我手下有三個糟糕的員工，我怎麼看就是覺得不滿意，他們也常給我出亂子，一有機會我就要把他們 Fire 掉。」

「你對他們有什麼不滿？」成功的企業家問道。

「他們呀，一個整天嫌東嫌西，吹毛求疵；一個老想太多，一直擔心工廠會出事，不能安心做事；另一個成天混水摸魚，在外閒晃。」A 老闆答到。

這位成功的企業家想了想，就向 A 老闆要來了三位員工，並重新分派任務：喜歡吹毛求疵的人，負責管理產品質量；害怕出事的人，便讓他負責保全系統的管理；喜歡成天在外遊盪的，就負責商品宣傳活動業務。這三個人一聽，職務分配正好與自己個性相符，自然開心的走馬上任，各自發揮所長，使得公司的利潤不斷增加。

唐高宗時，大臣盧承慶負責對官員進行政績考核。被考核人中有一名糧草督運官，一次在運糧途中突遇暴風，糧食幾乎全被吹光了。盧承慶便給這個運糧官以「監運損糧，考中下」的鑑定。誰知這位運糧官神態自然，一副無所謂的樣子，腳步輕盈地出了官府。盧承慶見此便認為這位運糧官有雅量，馬上將他召回，隨後將評語改為「非力所能及，考中中」。可是，這位運糧官仍然不喜不愧，也不感恩致謝。原來這位運糧官早先是在

糧庫混事兒的，對政績毫不在意，做事本來就鬆懈渙散，恰好糧草督辦缺一名主管，暫時將他做了替補。沒想到盧承慶本人恰是感情用事之人，辦事、為官沒有原則，二人可謂「志趣、性格相投」。於是，盧承慶大筆一揮，又將評語改為「寵辱不驚，考上」。盧公憑自己的觀感和情緒，便將一名官員的鑑定評語從六等升為一等，實可謂隨心所欲。

這種融合個人愛憎好惡、感情用事的做法，根本不可能反映官員的真實政績，也失去了公正衡量官員的客觀標準，勢必產生「愛而不知其惡，憎而遂忘其善」的弊端。這樣，最容易出現逢迎拍馬者環繞領導者左右的情形。如入鮑魚之肆久而不聞其臭，領導者久了便會憑自己的意志來識別人才，對有好感的人委以重任；而對與領導保持距離、印象不深的人，即使有真才實學，恐怕也不會委以重任。所以說，偏愛、偏惡對人的識才與任用是主觀的，對國家、對事業將會造成不良後果。

最典型的事例要算是秦始皇以自己的愛憎標準來判定「接班人」，致使江山斷送的那段歷史了。秦始皇偏愛幼子胡亥，偏惡長子扶蘇，這與他重法輕儒有關。秦始皇信奉法家學說，他喜讀韓非的《孤憤》，韓非的思想對他進行統一戰爭很有作用。韓非指出，國家強弱的關鍵在於「以法為教、以吏為師」。由於秦始皇崇信法家思想，蔑視以「仁愛」為核心的儒家思想，更容不得其他思想的存在。恰恰在這個關鍵問題上，扶蘇與之意見相左，他堅持儒家思想，建議以仁義治國，以德服天下。這引起秦始皇的不滿，趕扶蘇去做監軍。因趙高學法，而趙高又是胡亥之師，所以，始皇寵信胡亥。

不可否認，秦始皇以法治國對統一中國是起了決定作用的。但也應該注意到，任何學說都必須隨時代的變化、條件的更新而向前發展，或被其他學說所吸引，或相容並蓄。秦始皇執己之偏好不講德治是一失，而以個人好惡識人，對長子的直諫，不採其合理之言，反責為異端，對那些以法為名、實為害民的胡亥、趙高等愛之、用之，終於致使秦傳至二世而亡。所以說，識人才，絕不能僅憑自己的愛憎，輕易斷言。

今天的現實社會中，有些企業管理者總是以感情上的偏好、偏惡來識別人才、選拔人才。喜歡的、志趣相投的，就備加稱讚，即使本事平平，企業上的大事也要把其召來商議；不喜歡的，往往刁難、非議，即使有能力也看不到，更談不上重用，最終使有能力的人傷了心，離開企業。企業的凝聚力是靠人心換來的，人心散了，企業豈能有所發展。

事實上，以自己偏愛、偏惡的標準來識別人才時，這種管理者大多心態不正，最根本的原因在於其為人做事沒有原則，感情用事，隨心所欲。這樣的領導自覺不自覺地以志趣、嗜好、脾氣相投作為識才的唯一尺度，實際上，這是一種把個人感情置於企業利益甚至社會利益之上的錯誤做法。

從近處來講，許多與他志趣不投的有才之士，他視而不見，其結果是企業的人才流失；從長遠看，以個人的好惡識別人才，沒有客觀標準，沒有原則性，在管理上，就會隨心所欲地處理問題，管理制度就會失去約束性和原則性，在領導者周圍就會出現一群投其所好的無能之輩，長此下去，勢必會嚴重影響企業的發展。

所以，領導者識別人才時，必須把個人的感情置之度外，拋

開自己的嗜好與志趣，以整體利益為重，這才是治國安邦、勤家敬業之根本。

　　合理使用人才，就要善用人才的長處。俗話講：「尺有所短，寸有所長。」要用人就要用其長，能用其長就能最大限度地調動人才的積極性。

掌握性格，有效利用

　　忽略下屬的性格，勉強他們做不適合的差事，結果受挫折的將是上司。有些人以為定下的原則，如鋼鐵般不容下屬破壞，更不容許他們以任何理由拒絕所委派的差事。這實屬愚昧的做法，因為原則是死的，人卻是活的；只有原則去遷就人，方能收到高效率的成績。

　　學學「相面」吧，看看你的下屬都是些什麼人。

　　有些人的自尊心特強，一部分是源於潛意識的自卑感。這種複雜的情緒構成反叛性格，面對上司時，依然擺出一副「不易屈服」的態度。如果上司與下屬各持本身性格，不願稍作遷就，結果造成雙方關係僵持；對於身處高位的管理階層絕非好事，這只是顯示出你的管理方法失敗。

　　社會上，循規蹈矩的人仍佔大多數，在你的部下中，為求明哲保身、保住飯碗，凡事按本分辦事的下屬亦為數不少。這類型的下屬抱著不求有功，但求無過的心情做事。對於一個上了軌道的公司來說，影響不算大；但對於力求進步的上司來說，這類型的下屬在上司眼中與冗員無異。

　　但循規蹈矩的下屬也有其優點。例如，完全按照上司的意思

做事，管理者易於控制及計畫不容易脫軌道。而缺點則是猶如一部機器，完全依照別人輸入的方程式做事，缺乏主見和判斷力，更不易發現工作或計畫中的毛病，因而未能及時加以糾正，造成紕漏。

且由於過分被動，這類型的下屬本身對公司有很大的依賴，管理者一旦沒有上班，他們就變成一盤散沙，失去平日的效率和自律。

那麼，如何保留他們的優點，糾正缺點？

對他們的依照計畫行事表示讚賞，但鼓勵他們留意工作的每一個細節，將自己的意見表達出來；要他們在一些問題上作出判斷。無論他們所作的意見是否有用，皆謹慎地考慮，不能立刻否決，因為如果這樣會傷害下屬的自尊心，便不敢再次主動提出意見。

事實上，無論對方是否為下屬，命令式的口氣均不該使用。除了尊重對方之外，也使對方在執行時減少壓力。例如 A 上司喜對秘書說：「給我一杯咖啡。」而 B 上司則說：「請你給我一杯咖啡，可以嗎？」前者是典型、老派的長輩對晚輩的指示口氣，後者則是以洋化的詢問口氣說的。在接收訊息的一方，當然認為上司用詢問式的口氣指示自己，有一種被尊重的感覺。

同樣地，在指示下屬去做一件事情時，雖然不必用詢問式，但命令式仍應儘量避免。取而代之的可考慮採用拜託式的方法：

表面上是拜託，實則令對方非做不可，例如：「這件事靠你了」、「這件事依你的主意行事吧」、「我想不到比你更適合的人選」、「這件事由你親自處理，我就放心了」等。對方有被重視及不能有負所託的責任感，尤其是在其他同事面前，無形間給他

「不能失敗」的壓力。在壓力的推動下，潛質是會較容易發揮的。

對於管理者而言，準確認識下屬的能力，才能不形成用人的盲點。別以為身為管理階層，下屬們便要看你的臉色行事，「不識相」不該成為一個評判的標準。而事實上，許多人擁有優厚的潛質，只是性格上有些缺點，如果身為上司的你能適當地安排，使他的缺點變成優點，就可以充分發揮他的潛質。做上司的可以在許多方面偷懶，但了解下屬的性格並做出適當的調配，這方面絕不能馬虎。

管理者必須要牢記一句話，那就是：當面怕你的人，背後一定恨你。試想你最怕看見誰，你是不是非常厭惡他呢？所以，不要使下屬怕你，這是身為上司的第一規則。

不要讓下屬每天猜測你的想法、留意你的表情，你的笑容、嚴肅、皺眉，都顯示你當天的情緒。你不是動物園中的動物！試著與下屬進行雙軌溝通法，意即你被下屬了解的同時，也要對下屬們做出觀察和了解。

大度容才，最佳用才

大度容才就是說管理者要有容才納賢的氣魄和度量。

只有具備寬容的氣度，才能有團結眾人的力量，最大限度地發揮人才的效能。寬容是激勵的一種方式，也是管人的一種方式。管理者的寬容品質能給予員工良好的心理影響，使員工感到親切、溫暖和友好，獲得心理上的安全感。同時也因為管理者的寬容，員工由於感動而增強了責任感，他希望能讓你因為他的成功而高興。自尊心是一個人做了錯事後促使其態度發生轉變的心

理動力。

　　缺乏寬容心態、對別人的不同意見不能相容的管理者，是在拒絕員工積極參與，其結果只會使員工喪失責任感和積極的心態。因為提意見者往往是積極的思考者，管理者能有寬容精神，必將使員工獲得發揮才能的最佳心理狀態。

1. 對人才要扶不要壓

　　一些管理者對一般的人才可以任而用之，可對頂尖的人才，尤其是超過自己的良才卻容忍不了，認為人家構成了對自己權力和中心位置的威脅。於是，嫉妒之心油然而生，壓才之舉隨之而行。孰不知，這是愚人之見。真正的優秀人才必將脫穎而出，任何人也壓不住。高明的管理者，對良才是喜不是憂，是扶不是壓，是求不是棄。必須打從心底理解到，超級人才是事業成功的希望。

2. 包容人才的短處

　　人才雖有所長，也有其短。有的恃才自傲；有的不拘小節；有的性情怪僻，優缺點皆「與眾不同」；而人才之間還有各種矛盾。因此，管理者既要用其長，也要容其短。

3. 接納人才的建議

　　要聽取賢才的各種主張、意見，鼓勵他們講話，尤其要能聽取他們講出不合自己口味的意見。因為，既然是人才，必有自己的真知灼見，必然對自己的見解充滿自信心，對上司的意見不會隨聲附和，擇善固執。有的還往往不懂世故，不顧情面秉公直言，管理者容人之言，也是發揚民主的表現。作為一個管理者，應當容賢納諫，廣開言路。

4. 寬容冒犯的人才

容人之中，容人之冒犯最難。某些管理者如「老虎的屁股摸不得」，「太歲頭上的土不能動」，一摸即跳，一動就怒，下屬稍有冒犯之舉，他就伺機報復，以「兵」相見。真正有遠見、有度量的管理者從不給冒犯者難堪，對合理的冒犯引而自責；對不合理的冒犯也能以事業為重，從大局出發毫不介意。因為他知道，這些「膽大包天」的冒犯者大都秉性耿直，光明磊落，這正是難得的人才，是事業的希望所在。

5. 寬容人才創新的失敗

管理者不僅要寬容人才的缺點，更要寬容人才工作中的失敗。失敗常常來自於創新的路途。創新是企業獲得向上動能的源泉。如果一個管理者不能容忍人才因為創新引起的失敗，就是在提倡一種保守、墨守成規和靜止的管理思維。

倘若管理者能對失敗者說一聲「再接再厲，相信自己」來寬容人才的失敗，這將減輕人才的心理負擔，激發智慧，反而能夠創造出奇蹟。

3M 公司的董事長萊爾是鼓勵創新的「激進前行者」，這位「探險家」出身的董事長認為：一個人若是從來沒犯過錯誤，那多半是因為他毫無建樹。他說：在 3M 公司內，有堅持到底的自由；有不怕犯錯誤、不畏懼失敗的自由。有了 3M 公司管理者的「容忍失敗」的管理風範，才有了該公司持續不衰的創新業績。

工作並不總是順利的，員工的失敗很正常，可怕的是失敗後沒有勇氣再試，管理者在員工失敗時給予一句親切的問候，

一句「下次再努力」的寬容和激勵，會打破員工沉重的失敗感，解除束縛他心靈的挫折感，給予他再嘗試的勇氣。

權力下放與指導的藝術

權力是一把利劍，有的管理者會暫時放手，有的管理者卻絕不放手。那麼，該怎麼做呢？正確的方法是：讓有能力者擁有權力！

我們常會遇到一些單位的管理者只是把負責人叫來說這樣一句話：「其他的就由你來做決定」，然後就安排另外工作的情形。這就是放手給有能力的人權力！通常領導者只決定大概，其他細節部分則交給負責人處理，這是一個讓負責人發揮能力的機會，而且，他們對工作細節的了解也比領導者多。

但是，有時當負責人決定的事情，已經開始有進展時，他的領導者卻又突然出面干涉。結果，一切都要等領導裁決後才能運作。雖然他口頭上說要把權力交給下屬，但事實上，決定權還是在他手上。甚至有些領導者連工作細節都要干涉。

所以，管理者事先應和負責人做好意見溝通，不能嘴上說「都交給你」，實際上卻還要過分干涉。一旦說出這句話，就要有絕不干涉的覺悟，否則會讓下屬失去工作熱忱。如果是和公司外的人談公務，又會牽涉到公司的信用，因此更要特別小心。

管理者如果沒有「全權託負」的信心，委託之後又想干涉的話，那麼最好整件事從頭到尾都由自己決定。「委託」並不是件壞事，但當自己決定將任務交給別人去做時，即使真有不滿意的地方，也不能再發表意見。

　　當負責人由於無法對付某個問題而感到苦惱時，身為領導者不妨以個人的經驗提供一些方法。然而許多時候，情況往往是弄巧成拙，領導者雖想用溫和的方式傳達給負責人，但是語氣上卻隱含命令的意味，那麼負責人表面上也許接受，心裡卻未必服氣。因此，這一點必須特別注意。要知道，當負責人因為不知如何做而感到悶悶不樂的時候，管理者如果趁機在一旁干預，對於負責人而言，或許意味著對他不信任。

　　在此情況下，管理者不妨對負責人表示：「如果是我，我將這麼做……你呢？」以類似的做法來指導負責人，不但可保持自己的立場，也可將意見自然地傳達給負責人，甚至負責人極可能會認為領導者是站在自己的立場上考慮。這樣，領導者說服的目的便達到了。

　　然而事實上，領導者直接表示自己的方法，畢竟無法讓負責人真正學到工作的實際技巧。如果管理者硬是規定負責人必須按照自己的方法去做，那麼負責人除了服從以外，便毫無選擇可言。其次，對負責人而言，只要服從領導者的指示，自己根本不必花頭腦思考反倒輕鬆，何樂而不為呢？

　　因此領導者應指出多種方法，讓負責人有機會加以思考，負責人一方面會認為領導者是給自己面子，另一方面則將提高對領導者的信賴感。

　　此外，領導者在指導工作時，有時也可稍加改變說話的方法及語氣。例如可先考慮站在對方的立場，讓他確實理解彼此的「利益共同體」關係，公司的利益也就是他們的利益。如此指導工作就可事半功倍，何樂而不為了。

要知道「講課」與「演講」完全是截然不同的兩回事。在大學講課，主要任務在於傳授知識，只要有知識，人人均可以上講台。然而，演講則不然，為了使自己的思想能與聽眾溝通，必須「製造」刺激，換言之，就是在他們想學習的心態上點燃學習的火花。

「講話和談話」並不困難，但是領導者要讓對方理解則不容易。就是說，要讓對方用耳傾聽並不難，要讓對方用心思考則不是易事。在教導他人時，必須認識兩者的差異，才能達到預期的效果。

當負責人有過失時，無法將前述二者劃分清楚的領導者，便會一味地想把自己的知識告訴對方，如此就變成講課了。話雖然進入對方腦中，但卻不是對方切身需要的東西，因此無法吸收甚至容易將之遺忘。

所以，最好明確指出其過失所在，但暫時不必指導該如何做以及如何追究過失等，讓對方有自我思考的餘地。而當對方能自己思考，卻又無計可施時，自然就會發問：「這裡該怎麼辦？」此時再給予適當的意見，才是最合乎實際的指導方法。

許多管理者為了提高工作效率，往往希望以最簡單的方式將知識傳達給負責人，而不讓負責人自己去思考，如此將無法培養出優秀的負責人，這是管理者必須注意的一個環節。

人多有自尊心、成就感和榮譽感，有透過自己的努力去完成某項工作或某種事業的要求和願望。因此，管理者應該充分信任他們，授權之後就放手讓他們在職權範圍內獨立地處理問題，使他們有職有權，能創造性地做好工作。

　　對他們的工作除了進行一些必要的指導和檢查，不要去指手畫腳，隨意干涉。無數事實證明，這是一項用人要訣和領導藝術。信任人、尊重人，可以給人以巨大的精神鼓舞，激發其事業心和責任感，而且只有上級信任下級，下級才會信任上級，並產生一種向心力，使管理者和被管理者和諧一致地工作。相反，當一個人的自尊心受到傷害時，他就會本能地產生一種離心力和強烈的情緒衝動，影響工作和同志關係。

　　授權與信任密切相關。一個管理者如果不相信下級，那麼就很難授權於下級，即使授了權，也形同虛設。有的領導者一方面授權於負責人，一方面又不放心：一怕他不能勝任，二怕他以後犯錯誤，對有能力的人還怕他將來不服管教。

　　越俎代庖，包辦了負責人的工作；越權指揮，讓中層主管失去對下屬的約束力；缺乏專業知識，卻干涉負責人的具體業務；甚至聽信讒言，公開懷疑負責人…等，凡此種種，都會挫傷負責人的積極性，不利於負責人進行創造性的工作。

　　作為管理者，要想充分發揮負責人工作的積極性和創造性，一方面要放權，使負責人在一定範圍內能自主決斷；另一方面要設身處地為負責人著想，勇於承擔負責人工作中的失誤，不能有了成績是領導有方，出了過失就是負責人無能。要言而有信，不能出爾反爾，言行不一，否則負責人就會對領導失去信任，領導者也會因此而喪失威信。

　　古人云：「非得賢難，用之難；非用之難，任之難也。」用人不疑，疑人不用。領導者應該充分地信任負責人，放手讓負責人工作，這才是作為領導者授權應有的風格。

擁有超強部屬才是聰明主管

　　每個領導對待能力高強的下屬的態度都各有一套，也正是由於這些不同的態度和做法，不僅影響著能幹的下屬的命運，同樣也影響著自身利益。那麼，作為一個管理者，應如何對待優秀人才？

1. 首先，以欣賞的態度來看待有能力的人

　　心態要平和積極，不要有嫉妒心理，如果有嫉妒心理，就會有許多變形的行為和言語產生，這將大大影響到管理者自身的形象和聲譽。積極的心態是指以欣賞的心態來看待下屬，這樣不僅下屬會有自豪感和榮耀感，而且也會積極地把能力都發揮出來，而經理人自身也會受到有能力的人和其以外的人的尊重、信賴和佩服，大家會團結起來，進行開創性的工作，於是工作效率會大大提高。因此，有「能人」下屬是值得高興的事情，有能人要比沒有能人要好得多，因為能人可以來做好多工作，而且可以做一般人做不了的工作，解決一般人解決不了的問題。

2. 其次，對待有能力的下屬要把握三點：一用、二管、三養

　　第一是要用。給能人挑戰性的工作，千方百計地調動能人的積極性，讓他們出色地完成工作，使他們的能力得到發揮、才華得到施展，給他們舞台以獲得滿足感，只有這樣才能留住他們，不然離去只是遲早的事情。

　　第二是要管。能人毛病多，恃才傲物，有時甚至愛自作主張，因此，必須要管，要有制度約束，要多與之進行思想上的

溝通交流，盡力達成共識和共鳴。其目的在於相互了解，防止因不了解而產生誤會和用人不當，出現麻煩和損失。

第三是要養。能人往往招致組織中其他人的嫉妒，而且他們往往把持不住自己的表現慾，甚至不分場合地張揚其才華，這就更容易引起別人的反感，因此他們很容易成為組織成員中的眾矢之的。如果管理人一味地偏愛有才能的人，管理者自己也可能受到攻擊和損傷；而如果管理者順應組織中的其他成員的心理需求，對已成為眾矢之的的他們給予打壓、排斥，他們就很可能離開組織或轉而使組織造成損失。

妥善的解決辦法就是領導要採用「養」的辦法。如果能人是魚，組織就是水，而這個組織就是由組織中的每一位成員組成，也包括能人自己。因此，除了要引導能人少說多做、做出成績外，還要善意地、藝術性地幫他改掉毛病，同時也要教導組織成員解放思想、更新觀念、見賢思齊，使組織形成團結合作、積極進取的健康氛圍。其實只要組織健康良好，自然就能養住能人，而且還會培育出更多的能人和吸引組織外的能人進來，使組織成為一個聚賢的寶地。

3. 接著，自然是要薦舉能人

有機會要力薦有能力的人，不要擔心他們和自己平起平坐或超過自己。有能力的人，對領導者自身來說是利大於弊，在一定程度上講是有利而無害，而且對組織來說還可以培養更多的能人，大家看到有才華的人能得到提拔，都會爭先恐後提升自己的能力，從而提高整個組織的戰鬥力；反之，如果領導者故意壓制能人，甚至讓庸人或小人獲得提拔，將更加危險。不

僅會對下屬的積極性造成打擊，使能人對組織徹底失望，而且組織中的其他成員也會有看法，嚴重者會造成整個組織的分崩離析。

養的另一個含義是培養人才，為自己升遷做準備。組織中如果人才少或沒有人才，領導者的任務就是要千方百計地培養人才，造就更多的人才，為自己的轉調和升遷做準備——也就是說讓優秀下屬推著自己升遷。如果自己沒有培養出人才或沒有人才能接班的話，關鍵的時候就會使自己的升遷多了一道障礙。試想，如果沒有人才來接替你的工作，你能轉調和升遷嗎？

另外，只有培養出能人，才說明你是能人，你是比能人更有能力的人，你能擔任更重要的角色。如果連個人才都培養不出來，那說明你只是個小角色，只是一個會幹活的人，也不可能被更高級別的組織和領導者看中，升遷到更高的職位上，或擔任更重要的角色，勝任更重要的工作。因為所有的工作都是由人來做的，你不會做人的工作，只會做事，那就留在下層做事吧。自己部門輸出的人才越多，外移到其他部門任職的人越廣，對你自身和部門來說都是一筆很好的資源，為自身和部門的生存發展創造一種良好的人脈網絡。

有些領導者擔心下屬超過自己，不僅不培養、不舉薦，甚至千方百計地採取壓制貶損迫害等卑劣手段，這樣的領導者在害了別人的同時也害了自己。這是領導者的大忌，長此以往必將被企業淘汰出局。

企業 10 大留才法則

高薪為何留不住人才？因為人的需求不僅僅是高薪，而每個人的需求也不盡相同，對於一個需要進修學習的員工，你卻給予住房補貼，這樣會有效嗎？作為經理人沒有真正了解人才的心，使人才心不在焉，「人在曹營心在漢」，一旦外界產生動心的誘惑，人才也就被挖了過去。

所以，管理者應該創造足夠的溝通機會，從言談、生活工作交往的瑣碎中去了解人心迥異的需求，以個人需求為基礎進行激勵，並利用相應的留「心」手法留才。

企業應如何留住人才？根據一項調查顯示，20.5％的人希望公司有一套合理的競爭機制，能夠人盡其才；19.3％的人希望將員工放在合適的職位，以發揮他們的才能；16.9％的人希望給員工較高的薪水；16.3％的人希望公司制定合理的薪金制度。

以下是 10 大留才法則：

1. 個人留才

管理者的人格、信譽、信用，領導者的待人接物方式、形象，領導者的思想、觀念、價值等形成了管理者的個人魅力。員工認同嗎？他們願意忠實地跟隨你嗎？

2. 上司留才

上司對下屬的態度、看法、評價，上司是否公平、公正、可敬，上司是否具備良好的道德和令下屬心服的能力？

3. 企業留才

企業所在的行業和領域的地位如何？是否具有發展遠景？

一個不斷走下坡路的企業是較難留住人才的，也沒有人願意在一家平平凡凡的公司工作。在相對條件下，你願意加入微軟，還是一個不知名的軟體企業？

4. 事業留才

工作是否具有挑戰性、趣味性？是否真有一個大舞台讓員工大展拳腳？別讓他們連海市蜃樓都看不到，別讓他們活得很沒面子。無聊絕不是件容易的事，沒有人想做混混，公司損失的不過是金錢，員工付出的可能是他的一生。

5. 機制留才

這是主要的 3 大留才手段之一。可能你常聽到這樣的抱怨：「他憑什麼升任主管？」「我們表現一樣，他的待遇就是比我高。」在這種情況下，要檢討公司的用人機制、晉升機制、薪酬機制、評估機制是否合理公正。

6. 成長留才

尤其是年輕人，他們投身社會，加入到你的企業，希望自己能夠不斷成長。如果他在你公司工作幾年，前後都沒有太大變化，也許他就會另擇棲息地。有五年工作經驗——五個一年的經驗和一個五年的經驗，這可是不同的概念！

7. 高薪留才

這是主要的 3 大留才手段之一。一流的人才需要一流的薪資待遇，大多數員工往往會用薪水來判斷自己在公司的地位和價值（雖然這種觀點不一定正確），薪資仍是現階段的主要留才手段，是員工們最感興趣的話題。

8. 感情留才

感情投資最具有潛移默化的感恩效果。最佳時機是員工最困難、最需要幫助的時候。

9. 人際留才

有近乎一半的員工是因為不能正確處理好上下級之間、同事之間、客戶之間的關係而陷入四面楚歌的困境,而以跳槽作為解脫的。

10. 福利留才

福利分硬性福利和軟性福利,也是主要的 3 大留才手段之一。

硬性福利包括:醫療保健、文康娛樂、圖書報刊、電話郵政、班車服務、福利社等。軟性福利逐漸成為留才的新策略和爭奪人才的制勝法寶,包括:進修學習、商業保險、年終獎金、節假日補貼、子女教育基金、留薪休假、旅遊計畫、無息借款、員工持股等。

2 CHAPTER
做出高明的用人決策

> 如果你犯了錯，但態度誠懇，公司該寬恕你，把它當作
> 是一筆學費；但如果你背離了公司的價值觀，那就該受
> 到最嚴厲的指責與批評。

衡量人才的兩個尺度

SONY 公司創辦人盛田昭夫認為：只有一流的人才，才會造就一流的企業，如何篩選、識別、管理人才，並證明其最大價值、為企業所用，是領導者所面臨的最為頭痛的問題。

因此，他確立了衡量人才的兩個尺度：內在激情和外在能力。一個人才所具有的內在激情，與一般我們所常說的某人有熱情是不同的，它比熱情更富有內涵。生活中，有些人外表平靜，內心卻充滿激情；而外在能力則是說這個人才所具有的專業技術能力、自我管理和管理他人能力、公關能力等等，這些都是在實際工作中我們所能夠看到的。

基於上述標準，人才可以相對分為 3 類：

第一類人才，內在激情與外在能力都高；

第二類人才，內在激情高而外在能力低；

第三類人才，內在激情低而外在能力高。

　　每個人的激情和能力所創造的價值不是簡單的加法關係，其中任何一個因素的增加，都會導致結果呈幾何數增長。

　　第一類人才，是對於組織最理想的管理型或專業領頭型人才。對於領導者來說，最關鍵的是給予這些人充分的權力，讓他們在寬鬆的環境中充分發揮聰明才智，實現他們自己的目標；同時賦予他們很高的責任，最大限度地發揮釋放他們的創造能力，從而形成強大的組織合力，推動組織向健康的方向發展。

　　第二類人才，在新招募的員工中比較常見。工作熱情很高，態度端正，但是沒有工作經驗，實做的能力很差。對於這類員工，領導者應當充分肯定他們的激情，因為這種激情往往是最原始的、本能的、潛力最大的。

　　針對這類員工工作能力的不足，領導者應該通過制定相關制度對他們提出嚴格要求，進行系統地有效培訓，同時鼓勵他們大膽實踐，以便在工作過程中增長才能。一定要先安排這類員工在一線進行訓練。對這類人員的管理是一項長期的投資，領導者要有耐心。

　　第三類人才，多為專業領域中的技術性人員，他們是組織中價值很高的財富。一般說來，他們對於自己的職位或是長期的發展沒有明確目標，是最需要激勵和鞭策的。

　　領導者一方面要對他們的能力予以肯定和信任；另一方面又要對他們提出具體的期望和要求，使他們看到自己的價值，激發他們努力工作的動力。需要領導者引起注意的是這類員工通常對現狀不滿，尤其對自己的報酬和上升空間不滿。需要領導者經常與其溝通，以調整他們的心態。

　　除上述 3 類人才外，組織中還有一類內在激情與外在能力都低的員工，領導者也不能忽視。領導者對這類員工首先要有信心，盡量激發他們的激情和提高他們的能力。但是，一定要控制好在他們身上所花的時間和精力。如果這類員工長時間沒有改變，就不要再浪費時間和金錢，果斷予以淘汰出局。

用人當用「聰明人」

　　生活中，經常聽到人們誇獎一個人如何如何聰明。你若追問聰明該怎麼界定，他們也無從談起。那麼，聰明到底該怎麼定義呢？關於「聰明」，比爾蓋茲有其獨到的見解。

　　比爾蓋茲認為，聰明就是能迅速地、有創見地理解並深入研究複雜的問題。而所謂「聰明人」，具體地說就是：反應敏捷，善於接受新事物的人；是能迅速地進入一個新領域，對之做合理解釋的人；是提出的問題往往一針見血，正中要害，能及時掌握所學知識，並且博聞強記的人；是能把原來認為互不相干的領域聯繫在一起並使問題得到解決的人；是富有創新精神和合作精神的人。

　　比爾蓋茲說：「一個公司要發展迅速得力於聘用好的人才，尤其是需要聰明的人才。」在這點上，微軟公司確實做到了，因為他們真正擁有聰明的人才。

　　微軟之所以如此看重「聰明人」，除了因其具有雄厚的科學技術和專門的業務知識外，還因其比較了解經營管理規則。尤其值得稱道的是，他們可將這些知識和規則在激烈的市場競爭中運用得得心應手。公司以比爾蓋茲為代表，聚集了一大批這樣的

「聰明人」，在技術開發上一路領先，在經營上、運作上的技巧高超，使微軟成為全球發展最快的公司之一。

事實上，蓋茲本身就是一個絕頂聰明的人。微軟的員工及外人皆一致認為，蓋茲是一個不折不扣的幻想家，他不斷地蓄積力量，瘋狂地追求成功，憑著他對技術知識和產業動態的理解大把地賺錢。這個「傢伙」聰明得令人畏懼。正因如此，他更傾向於對「聰明人」的尋求，在公司成立初期，微軟設計了一套產品的招募制度來網羅人才。

在當時，比爾蓋茲、保羅艾倫以及其他的高級技術人員對每一位候選人進行面試。後來，微軟用同樣的辦法招聘程式經理、軟體發展員、測試工程師、產品經理、客戶支援工程師和用戶培訓人員。微軟公司每年為招聘人才大約要走訪 130 所美國大學。招募人員既去知名大學，同時也留心地方院校（特別是為了招收客戶支援工程師和測試員），以及國外學校。

「為優秀人才而戰！」為了爭奪人才，微軟甚至把這場人才爭奪戰的戰線延伸到了中小學學生身上，為了預定天才兒童，便給正在上學的學生預付工資。他們認識到人才正是利潤的本質，是對知識、智力和智慧的定價，而再從此，創造出數千億美元的財富。

微軟公司通過這些手段，網羅了許多全國技術、市場和管理方面最優秀的年輕人才，為微軟贏得了聲譽，在各大學裡樹立了良好的形象。一位曾在 IBM 公司和康柏公司享受高薪的 22 歲年輕新員工說：「微軟的名字帶有濃厚的神秘感，這使你的履歷看起來非同一般。」

　　微軟的作風就是：人人不墨守成規，不崇尚正式頭銜。因此，員工們不用費盡心機、搞小團體來爭取權力。公司所看重的是將產品推向市場的能力，往往權威與責任都只與那些具有這種才能的員工相伴。

　　比爾蓋茲說：「微軟開發部門的一個重要特點便是：各個開發組全部的權力分布狀況是每個人的力量和能力的反映，這絕不是千篇一律的俗套……公司的管理制度是很有伸縮性的。如果我僱用了一個對特性、構造頗為在行並極為出眾的開發經理，我估計權力會自然而然地向他轉移。我對此並不介意，而只會調整自己去適應這種情況。」

　　對這一獨特用人理念的一貫堅持，使得微軟這個公司充滿誘惑力，吸引了一大批優秀人才，他們成為一股不斷湧動的潮流，推動著微軟的事業不斷向前。

價值觀比能力更重要

　　日本經營之神松下幸之助說：「如果你犯了錯，但卻態度誠懇，公司會寬恕你，把這當作是一筆學費；但如果你背離了公司的價值規範，就會受到嚴厲的批評，甚至被解僱。」

　　價值觀決定一個人看待事物的標準。如果一個人的價值觀有偏頗，就很難要求他具備忠誠、正直等品質；如果一個人的價值觀與企業提倡的價值觀有很大差別，就很難融入到企業的整體氛圍中去。也就是說，如果企業在選人時，沒有充分考慮人才的價值取向問題，那就很難指望招聘的人會為公司做出貢獻。

　　美國通用電氣在選用人才時也非常重視工作成績和專業技

能，但他們更注重的還是員工的價值觀。

通用對員工的績效進行考評時，有一套被稱之為「360度評價」的措施，是他們的考評辦法中最具特色的亮點。

韋爾奇說：「即使工作成績出色，但如果他不具備公司的價值觀，那麼公司也不會要這樣的人。」的確，通用公司的整個管理層都存在這樣一種共識：每個員工都要接受上司、同事、部下及顧客的全方位360度的評價。這其中分為5個階段，每個階段由15個人組成。評價的標準就是員工在日常工作中是否按照公司價值觀行事。更值得一提的是，通用還將這種全方位考核措施，進一步延伸到了對管理人員的選定工作中去。通用一向側重於從外部挑選管理候選人，使更多的人才被納入到通用公司中來，這也可以說是通用獨特的人力風格。但是，通用挑選人才首先要確定的，卻並非能力，而是價值觀。

選用那些價值取向與公司價值觀相符的人，能夠使企業在內部建立一個共同的目標。如果企業僱傭的人在價值觀上與企業文化不相符，那他就會認為企業所從事的事業不值得，那企業還怎麼能希望他把該做的事做好呢？

價值觀在考核一個人時是至關重要的。人們的價值觀引導他們的思考和行為。當某人申請為公司工作，並了解到這個公司信奉什麼時，管理者必須思量一下，這裡是否適合他，他是否能適應這裡的價值標準。如果一家公司的員工不認同這個公司的價值觀，那這個公司就很難經營好。

🪑 我不喜歡你，但我喜歡你的工作表現

一個賢明的管理者，不僅應該細心研究自己及周圍人員的性格特點、工作作風和心理狀態，更應做到因地制宜、對症下藥，這樣工作起來才能得心應手，事半功倍。

前美國 IBM 公司的總裁小沃森（Thomas J. Watson, Jr.）用人的特點是「用人才不用奴才」。有一天，一位中年人闖進小沃森的辦公室，大聲嚷嚷道：「我還有什麼期望！銷售總經理的差事丟了，現在做著閒差，有什麼意思？」

這個人叫伯肯斯托克，是 IBM 公司「未來需求部」的負責人，他是當時剛去世不久的 IBM 公司第二把交椅柯克的好友。由於柯克與小沃森是對頭，所以伯肯斯托克認為，柯克一死，小沃森定會收拾他。於是決定辭職。

沃森父子以脾氣暴躁而聞名，但面對故意找碴的伯肯斯托克，小沃森並沒有發火。小沃森覺得，伯肯斯托克是個難得的人才，甚至比剛去世的柯克還精明。雖說此人是已故對手的下屬，性格又桀驁不馴，但為了公司的前途，小沃森決定盡力挽留他。

小沃森對伯肯斯托克說：「如果你真行，那麼，不僅在柯克手下，在我、我父親手下都能成功。如果你認為我不公平，那你就走，否則，你應該留下，因為這裡有許多的機遇。」

後來，事實證明留下伯肯斯托克是極其正確的，因為在促使 IBM 做起電腦生意方面，伯肯斯托克的貢獻最大。當小沃森極力勸說老沃森及 IBM 其他高級負責人儘快投入電腦行業時，公司總部回應者很少，而伯肯斯托克卻全力支持他。正是由於他們

倆的攜手努力，才使 IBM 免於滅頂之災，並走向更輝煌的成功
之路。

後來，小沃森在他的回憶錄中，說了這樣一句話：「在柯克
死後挽留伯肯斯托克，是我有史以來所採取的最出色的行動之
一。」

小沃森不僅挽留了伯肯斯托克，而且提拔了一批他並不喜
歡，但卻有真才實學的人。他在回憶錄中寫道：「我總是毫不猶
豫地提拔我不喜歡的人。那種討人喜歡的助手，喜歡與你一道
外出釣魚的好友，則是管理中的陷阱。相反，我總是尋找精明能
幹，愛挑毛病、語言尖刻、幾乎令人生厭的人，他們能對你推心
置腹。如果你能把這些人安排在你周圍工作，耐心聽取他們的意
見，那麼，你能取得的成就將是無限的。」

管理是一門藝術，科學地採用適合於彼此的工作方法進行管
理，處理人事關係，可以避免簡單生硬和感情用事，避免不必要
的誤解和糾紛，揚長避短、因勢利導，進而贏得同事的支持與配
合，造就一個協同作戰的班子，並且能更迅速、更順利地制定和
貫徹各種決策，實施更有效的管理。

風格不同才能配合的天衣無縫

20 世紀 60 年代，工業心理學家大衛博士發現，有兩種行為
模式能夠極為有效地預測人們的行為傾向，即果敢型和反應型。
果敢型指對別人具有說服力或指導力；反應型則指更善於在別人
面前表露內心情感或體會他人情感。

果敢型的人往往雷厲風行、決策迅速、處事果斷、聲音洪

亮、愛高談闊論、好冒險、敢於對抗、發表意見或給指令時直截了當；反應型的人則傾向於直訴情懷、重視問題中人的因素、願意與人共事、時間觀念不強。

總體來看，果敢型和反應型兩種行為模式決定了一個人的行為風格。這種風格的建立則取決於他人對你行為的認識。能夠看透他人是一種挑戰，能夠客觀地把握別人對自己的看法更是難上加難。

人的行為風格可分為以下 4 類：分析型、溫和型、表現型及推動型。

1. 分析型是完美主義者

他們事事力求正確，精於建立長期表現卓越的高效流程。但他們的完美傾向會導致大量繁文縟節，做事喜歡固守陳規。

因此，不要指望這些謹小慎微的人會果斷決策。這類人總是搜集盡可能多的資訊，權衡各種選擇，甚至一些不可能的選擇。他們常常苦於決策。

分析型的人喜歡獨立行事，不願意與人合作。儘管他們性情孤傲，但令人驚喜的是，患難之中卻最見其忠誠。

2. 溫和型的人適合團隊工作

他們常喜歡與人共事，尤其是人數不多的團隊工作或兩人合作。這類人淡漠權勢，精於鼓勵別人拓展思路，善於看到別人的貢獻。由於對別人的意見能坦誠相待，他們能從被其他團隊成員隨手否決的意見中發現價值。

溫和型的人常常願為團隊默默耕耘。由於他們的幕後貢獻，往往使他們成為團隊中的無名英雄。這種無私的奉獻固然

偉大，但他們可能會走極端，只顧別人卻忘了及時完成自己的工作。

溫和型的人一般在一個穩定的、企業組織架構清晰的公司中表現出色。一旦他們的角色界定、方向明確，他們會堅定不移地履行自己的職責。

3. 表現型的人好炫耀

他們敢於誇口，好出風頭。這類人喜歡惹人注目，是天生的焦點人物。

表現型的人活力十足，偶爾也會顯露疲態。這往往是因為失去別人刺激的結果。也許由於他們精力充沛，所以總喜歡忙個不停。

但表現型的人好衝動，常常在工作場所給自己或別人惹麻煩。他們喜歡隨機做事，不愛計畫，不善於時間管理。他們能抓大局，放棄細節，喜歡把細節留給別人去做。

4. 推動型的人注重結果

在四類人中最務實，並常常為此引以為自豪。他們喜歡定立高卻很實際的目標，然後付諸實際。但他們極其獨立，喜歡自己定目標，不願別人插手。善於決斷是其顯著特點。

推動型的人看重眼前實際，很少理會理論、原則或情感。他們懂得隨機應變。但這類人有時太好動且行動迅速，往往因倉促而走歪路，從而帶來一些新問題。

推動型的人無論表達意見還是提出要求都很直率。他們實幹但不囿於瑣事，理智但不迂腐。

　　每一類人，都有其潛在的優勢與不足，只有彼此配合才能發揮最大效益。美國 UPS 是世界最大的郵遞貨運公司。UPS 的企業文化是：「攜手工作就能成功」。在成為公司雇員後，UPS 每年都會進行「民意測驗」，根據調查的結果，確定管理人員的工作是否合格，許多被「趕走」的人大都是有能力但協作能力較差的。比爾蓋茲曾說：「團隊合作是一家企業成功的保證。」不重視團隊合作的企業是無法取得成功的。管理學大師杜拉克曾說：「組織（團隊）的目的，在於促使平凡的人，可以作出不平凡的事。」「企業的高層管理中需要至少四種不同類型的人：思想者—分析型、行動者—推動型、交際者—溫和型、衝鋒陷陣者—表現型。」

　　跟不同風格的人共事不一定是壞事。只要各自的工作風格能夠珠聯璧合，配合得天衣無縫，他們的合作就會強而有力。「風格調適」就是調整個人行為以更好地與其他人配合，即對個人的一些行為進行調整，以使雙方更好地互動。

中等人才最好用

　　並不是所有高級人才都是「千里馬」。有些人本領高卻沒有實踐、實務精神，才能大卻沒有忠義之心，這種人極難駕馭，感情約束基本無效，除非你能滿足他的野心，否則他決不會對背叛抱有任何愧疚之感。若無把握，不如用中等人才，這就像乘坐馬車一樣，與其追求速度被一匹野馬掀翻車子，不如追求穩妥讓一匹普通的馬平平安安送到目的地。

　　寧用誠實人，不用聰明人：

1. 聰明人在才智方面的確了不起，由於常被大家推崇，能謙遜自省者，少之又少。因而他們輕視身邊的人，不易合作。

2. 聰明人只是暫時的領先者，他們卻以為自己永遠聰明，能勤敬自修者極少，常常成了落伍者，還自以為了不起。

3. 聰明人的慾望較常人強烈，地位低時，心懷不平，容易製造麻煩；一旦掌握大權，很容易私心蓋過良心，做出危害更大的事情來。

為了識別聰明人與誠實人，曾有公司這麼規定：凡進入公司的新職員，都要先打雜 3 年。在 3 年打雜後，聰明人與誠實人便涇渭分明：

聰明人頭一年態度認真，表現出眾；第 2 年便開始投機取巧，追求遠遠超過自己付出的收穫；第 3 年，聰明勁全用到歪道上，對工作毫無責任心。

誠實人頭一年普普通通；第 2 年有了經驗，能夠順利承擔工作任務。他們不愛表現，對分內工作任勞任怨地去做；第 3 年，他們在學習和實踐中得到的比聰明人更多，工作比聰明人更出色。

總之，聰明人往往變成懶惰不負責任的人，誠實人往往變成能幹而敬業的人，因此，用誠實人不用聰明人是很有道理的。

聰明與誠實並不是絕對對立，「寧用誠實人、不用聰明人」，並不是絕對不用聰明人。相反，一個人既誠實又聰明，這恰恰是最該看重的人才。只不過，選人時始終應把品德置於學識之前。

　　用上等人才，成本無疑比較高，道理很簡單：一方面，千里馬不易找到；另一方面，買一匹千里馬，要用十匹馬的價錢。所以，商人始終要有成本概念，如果中等人才可用的話，沒有必要強求上等人才。

　　前台灣塑膠集團掌門人王永慶，早年對人才要求極高，務求優秀。那時台灣人才資源匱乏，雖然費心搜尋，優秀人才也只是偶有所得。後來，他誠心聘請了一批外國留學生，誰知這些人在台塑「水土不服」，工作既不安心，業績尚不如普通人。

　　如何找到合格人才呢？當時王永慶總結出兩條經驗：其一，人才要靠自己培養；其二，用中等人才。

　　所謂用中等人才，就是說，某個領域的某一職位，王永慶並不刻意選擇頂尖人才，而是選取中等人才來用。為什麼要用中等人才呢？王永慶認為，頂尖人才可遇不可求，決不是經營者強烈的愛才求才願望可以促成的。既然可遇而不可求，只好退而求其次，用中等人才。

　　得到中等人才比較容易，他們經過培養訓練，對工作也能勝任愉快，大可不必去爭搶那些「一流」人物。

　　此外，中等人才比上等人才容易培訓。那些聰明自負的人，一旦工作不順心，就抱怨自己的公司，抱怨自己的職位。帶著這種心態做事的人，責任心和工作熱忱都不足。儘管他才能一流，若不發揮出來，還不如一般人才。

　　相反，中等人才沒有驕傲的本錢，謙遜好學，勤懇務實，他們很重視公司給予的職位，為工作竭心盡力，這樣反而可能取得比上等人才更好的業績，對公司的作用更大。

王永慶「用中等人才」的策略也不排斥頂級人才。正因為頂級人才求而難得，才以培養中等人才為主。如果能找到合用的頂級人才，王永慶也會想方設法收入麾下。

用中等人才，並捨得花大價錢培養他們，使台塑永無人才匱乏之虞。深厚的人才基礎，正是台塑集團當年稱雄市場的最大資本。

「用中等人才」，依據的是特定行業的標準，即某一行的中等人才。比如做高科技業，可用才居中等的科學家來做。若是用一個高中生濫竽充數，肯定是不行的。而且，對中等人才應捨得花成本盡心培養，否則他們始終只是中等人才，難有優秀的表現。

隱性知識是員工的無形資本

公司招聘人才時，總要了解僱員的學歷、履歷和基本技能。學歷和履歷是可以用文字、資料、圖表描述的，可以用成績單和獎狀說明，但是，這些東西僅代表員工工作能力的一部分，而非全部。

同一院校的同期畢業生，具有相同工作經歷的人有很大差別，他們的直覺、靈感、判斷力、價值觀、悟性、心理素質和個人技能等都不是文字或資料所能表述的，而在實踐中，這些因素起著非同小可的作用，有時甚至決定工作的成敗。

我們把無法用語言、數位、公式表達，但與能力密切相關的知識叫做隱性知識。隱性知識不具有普遍性，它是個人特有的能力，是無法模仿，無法複製，是只可意會不可言傳的知識。

　　在受過同種教育、掌握同樣管理知識的人中，有人在市場經濟中如魚得水，左右逢源，遊刃有餘，有人如虎落平陽，上下碰壁、步履艱難。他們的差異主要體現在隱性知識上，在於對機會的把握能力上。隱性知識是一部分員工的無形資本和無形財富，企業家利用得當，就能將他們的隱性知識轉化為企業的無形資本和財富。

　　員工在相互比較中逐漸發現自己具有某種隱性知識，他們可能把這種知識稱為「訣竅」，「絕招」或「一技之長」。在人才競爭激烈的條件下，他們往往不肯輕易將隱性知識傳授於人。隱性知識在小企業比在大企業更重要。大企業的機械化、自動化和數位化程度高，對個人技能的依賴較低；小企業的機械化、自動化、數位化程度低，對員工個人的技能要求較高。有些行業屬於個性行業，比如，演藝、歌舞、體育、藝術、醫療、律師、烹飪、服裝、美容等，這些行業對個人的隱性知識有很強的依賴性。

　　一個導演的去留可能影響一家電影公司的效益；一個球員的退出可能影響一個球團的收入；少數工人僅憑機器聲音的細微差異就能發現故障，並能迅速排除，而工程師花很長時間卻找不到癥結在哪裡；有些廚師烹飪的菜肴色香味俱全，能為飯店招來很多食客；有的廣告設計師創意新穎，不落俗套，能夠吸引客戶的眼光；有的服裝設計師對流行趨勢獨具慧眼，他們設計的款式能立即風靡市場。這種員工就是企業的重要財富，他們不一定擔任領導職務，但他們的工作對企業的效益有重大影響。

　　優秀的企業家能夠發現員工的隱性知識，並承認隱形知識的

價值，用薪酬、獎勵、關懷等方式讓具有隱性知識的人充分施展才華，發揮他們的主觀能動性。愚蠢的老闆看不到或不承認隱性知識的價值，更不願意為員工的隱性知識付費。

某小餐館的張廚師手藝極高，可謂當地餐飲業的招牌大廚，小餐館顧客盈門。但張廚師名聲大，脾氣也大，做起事來有一種功高蓋主的派勢。小餐館的老闆個性很強，與張廚師老是無法和諧相處；而 A 飯店的老闆是個有眼光的人，他幾次以顧客身份到小餐館品嘗張廚師的菜餚，立刻意識到張廚師的價值，並用高薪將他拉到自己麾下。幾個月後，A 飯店的營業額倍增，小餐館的生意卻逐漸蕭條下來。

烹飪是一種藝術，烹飪學校的畢業生很多，他們是同一教學體系下培養出來的，操作手法也大同小異，但菜餚的色香味在於刀工、佐料、火候的細微差異。有人悟性高，有人悟性低，這種細微差異只可意會，不可言傳，即使傳授，別人也只能學其形而無法學其神。脾氣好、手藝精的人固然有，但凡事不能求全，既然好手藝與壞脾氣集中在一個人身上，難以分離，那就得容忍張廚師的壞脾氣，因勢利導，為企業創造效益。

用人要不拘小節

用人最忌看文憑、經驗等框框，有的人學歷很高，由於不知變通，辦事卻很低能；有的人經歷很豐富，由於悟性太差，始終沒有長進。重用這種人，就可能誤事。

成功企業家取才，首重能力，絕不能存世俗偏見。所以，他們手下總是人才濟濟。依據以往「企業最愛千里馬」調查顯示，

多數中小企業的用人主管及人資人員，愛用成功大學的畢業生。在業界主管的心目中，成大生表現突出，無論是從「整體新鮮人排名」、「國立大學畢業生職場表現排名」、「畢業生素質提升最多」、「個人職場表現進步最多」、「校友向心力最足」等項目都名列前茅；此調查破除第一名校台大生在職場比較有競爭力的說法。

此外，用人除了要看實際才能外，還要看興趣和潛質。一個人在某一行有天賦，如果他同時又有興趣的話，稍加培養即能成為優秀人才。

SONY 公司創始人之一盛田昭夫，用人從不講資歷，只要是個人才，進來第一天就敢重用；他也不講文憑，甚至寫了一本《學歷無用論》的書，表明自己對文憑的看法。

戶澤圭三郎畢業於名古屋大學，是盛田昭夫的遠房親戚。有一次，盛田與他談起了開發答錄機錄音帶的計畫。當時戶澤還不知道錄音帶答錄機為何物。當他從盛田帶來的答錄機裡聽見自己的聲音時，感到非常吃驚，並產生濃厚興趣。

盛田知道戶澤極有研究精神且好勝心很強，就邀請他參與開發的專案。戶澤正在猶豫，盛田故意激他說：「資料什麼的一概沒有。」戶澤一聽這句話，精神頓時來了，說：「正因為沒有資料，沒有參考書，我這個門外漢才要參一腳。」就這樣，戶澤進入公司，為研製錄音帶的專案立下大功，日後還在公司獲得領導地位。

有霸王之才者，君子小人莫不樂為之用。有些人確有大才，也有明顯的品格缺陷，這種人用好了是個寶，用不好是個麻煩，

要有王者氣象和超強統禦力的商人,才用得好這種人。

川普(Donald Trump)出生於豪富之家,他的志向是創下一份比父親更大的事業。在沃頓商學院(The Wharton School)讀書時,他在某地發現了一個公寓村,共有 800 幢房子閒置。他建議父親將這個公寓村全部買下來,交給他經營。經過一番修繕整頓,公寓的面貌煥然一新。一年後,他就將這裡的 800 幢房子全部租出去了。

川普還要讀書,他就聘請一個名叫歐文的人當經理,代他管理物業。歐文頗有治事之能,很快使公寓村的各項工作走上正軌,幾乎不用川普操心。

但是,歐文有一個令人討厭的毛病——偷竊。看見漂亮的、值錢的東西,他就忍不住想搬到自己家裡去。僅一年時間,他偷竊的公物高達 5 萬多美元。

川普發現歐文這種毛病後,從心情上來說,他恨不得讓這個傢伙立即滾蛋。但是,從理智出發,他覺得還需要慎重。一方面,他一時找不到一個合適的人接替歐文的職位;另一方面,他認為公司不僅是一個贏利的地方,也是一個傳播文化、培訓人才的地方,對一個有毛病的人,不加教育就推出去,是不負責任的態度。

最後,川普決定給歐文一個改過機會。他將歐文找來,給他加了薪水,並指出他的毛病,建議他以後一定要檢點自己的行為。歐文原以為此番職務不保,沒想到川普對他如此大度,既羞愧又感激。自此,他改掉了惡習,兢兢業業工作,為川普創造了很大的利潤。幾年後,當川普賣掉這個公寓村時,總共賺了好幾

百萬美元。後來，川普成為「房地產大亨」，被譽為「新興的超級明星」。

用人的目的是為了做大事業，理當從需要出發，從觀念上打破條條框框的束縛。此外，企業家還要根據自己的經濟實力和用人能力，尋找相配的人才。廟門太窄，容不下大佛；腕力太弱，縛不住真龍，用適宜的人才，才能相得益彰。

良好團隊結構發揮合作最大效能

20 世紀 40 年代，美國能在短短 3 年時間裡研製成功世界上第一個原子彈，關鍵是有善於組合人才的奧本海默（J. Robert Oppenheimer）這樣的科學家和科技管理專家，他領導了 18 萬人，把 1 萬多名具有各種專長的科技人員合理地組合成一個整體，其中有世界上最傑出的科學家，例如英國的查德威克、義大利的費米、德國的貝蒂、蘇聯的基斯卡柯夫斯基、奧地利的拉比、匈牙利的特勒，以及美國各大學傑出的理論物理學家、實驗物理學家、數學家、輻射化學家、冶金學家等。奧本海默在原子能方面的知識遠不及他領導下的科學家，但他有多方面的才能善於組合人才。

群體人才的合理結構，也就是各種不同人才的合理組合。組合得好能產生奇效，使整體效能大於各個人才作用之和，即一加一大於二；組合得不好，會使各個人才的作用發揮受到限制，甚至產生內耗，個體人才的作用相互抵消，即一加一小於零。世界上大概沒有萬能的個體人才，但「萬能」的人才群體是有的。

「三個臭皮匠，勝過一個諸葛亮」就是這個道理。把各具特

長的「臭皮匠」，科學地、有機地組合在一起，就可能出現奇蹟。以下是進行人才配備和組合的基本原則：

1. 整體互補

　　不管是什麼樣的人才群體，都是一種結構，都是一種由不同元素的結構構成，因此整體互補便是群體的應有之義。「凡是成就大事業者，無不是帶領著一大群才性各異、秉性不同，既有才能，又有毛病的人打天下的，這才是活生生的歷史。明此乎，方能真正拋棄『人要完人』的思想，回到腳踏實地的實際生活中來。」這話講得很是透徹。

2. 整體適度

　　這裡的意思有兩種：第一，「整體大致適合」即可，作為集體裡的人，有時不大適應倒會更好。松下幸之助先生有段話說得很明白，他說：「人員的聘用，以適用公司的程度就好。程度過高，不見得一定有用。當然較高水準的人認真工作的也不少，可是更多人會說『來這個公司真倒楣』；如果換成一個普通程度的人，他會感激地說『這個公司還蠻不錯的』，而盡心地為公司工作。」他還認為，招募適當人才達到 70％，有時候反而會更好。

　　第二，公司骨幹只能是少數，如此才能有結構的優化。這裡還有松下先生的一段話：「我認為不一定每個職位都要選擇精明能幹的人來擔任。……如果把十個自認為一流的優秀人才集中在一起做事，每個人都有他堅定的主張，那麼十個人就有十種主張，根本無法決斷，工作也就無法推動。可是，如果十個人中只有一兩個確有才智的領導者，事情反而可以順利進行。」

3. 上下級差距適當

　　上級的能力太強，而下級的能力又顯得過弱，那麼，時間一長，就很容易造成下級對上級的依賴心理，而上級則會產生主觀片面等問題，形成一言堂。如果上級和下級的差距過小，上級的威信就難以樹立，搞不好還影響合力的形成，甚至會各行其事。

4. 習慣的領導方式和行為方式應該一致

　　領導方式一般分為民主方式、集權方式和放任方式。不少領導者都有自己習慣的領導方式，往往不注意根據不同的情境變換採用。這樣，在選擇幹部時，就不能不注意上下級之間在習慣的領導方式上的搭配。這有利於減少摩擦、統一行動。

關鍵的 20%

　　「20/80 法則」，即 20％的人發揮 80％的作用。所以你一定要抓住力量所在的 20％的骨幹。你要花的力量就是依靠、發動、調動這 20％骨幹的積極性，而那些相形見絀的要讓他淘汰。為保證組織的生命力，20％是在以 80％的競爭中形成的，因此可以說這 20％骨幹力量的生命力和素質是組織中最優秀的。

　　組織中 20％的人發揮 80％的作用，這部分人是精英。領導者一定要留住「精英」，用好 20％的骨幹隊伍。

　　韓信懷曠世之才投奔劉邦時，劉邦並沒有發現韓信有什麼與眾不同之處，只封了他作了治粟都尉這樣一個管理糧倉的小官。而丞相蕭何在同韓信的交往中發現他是一個奇才，極力向劉邦舉薦，劉邦並沒有馬上任用。

韓信由於未獲重用不辭而別,同時離開的還有其他數十名將領。蕭何知道這一消息後,來不及向劉邦彙報,就一個人乘著快馬日夜兼程追趕韓信。別人看見之後還以為蕭何也離開劉邦另圖高就了呢,於是向劉邦彙報說:「我們看見丞相蕭何離開漢王跑了。」劉邦聽後非常生氣。感覺好像失去了左膀右臂。

過了幾天,蕭何回來拜見劉邦。劉邦又氣又喜地說:「你不是逃亡了,怎麼又回來了?」

蕭何回答說:「臣不敢逃走,臣是追趕逃跑的人去了。」劉邦忙問:「丞相追趕的是何人哪?」

蕭何回答說自己追韓信去了。

劉邦聽了以後很生氣,批評蕭何說:「十多個將領跑了你不去追,而單單去追韓信,你這不是胡說嗎?」蕭何回答說:「那些將領都容易得到,只有韓信是天下無雙的人才。漢王如果願意永遠居住在漢中,那麼,韓信也就沒什麼用了;如果要爭得天下,沒有韓信是不行的。」

正是在蕭何的功諫、開導下劉邦留住了韓信並拜為大將軍,才使得劉邦在後來的楚漢相爭中打敗項羽最終奪取天下。

跳回到現代,奇瑞汽車的董事長尹同耀在一次前往日本三菱公司考察和談判時,看上了現場管理專家寺田真二,他借上廁所的機會要到了手機號碼,然後透過幾番功夫,才終於讓寺田成為奇瑞質量管理的核心成員。爾後,「寺田真二生產線」成為了奇瑞現場管理的典範樣本。

優秀的員工是組織的重要資產。當你的人力資源在同行業或相關行業享有盛名時,你的人才極有可能成為其他組織窺視的目

標。因此，你一定要時刻注意組織中人力資源流動的跡象，不要讓優秀的人才從你眼皮底下流失。

作為領導者，任何時候都要保持清醒的頭腦，要分析本企業20％的核心成員是誰？他們需要企業給予什麼？這些人各有什麼樣的特點和優勢？有什麼樣的缺點？以便採用相應的政策，通過重點培養和激勵這20％的骨幹力量，來帶動企業另外80％的員工的積極性和創造性，促使他們向20％的骨幹力量學習，從而使整個企業的人員素質、工作效率和業績不斷地向上攀升。

需要強調的是，這裡所講的20％，既是個常數，又是個變數：作為常數，你必須時刻關注這20％的骨幹力量，並不斷地加以培養和激勵；作為變數，你必須使這20％的骨幹力量具備造血機能，不斷地補充新鮮血液，使這20％的機能不斷地得以提升。

衡量人才的 10 個標準

很多人都聽過這樣一個笑話：說一個人要刮鬍子，因怕剃刀快，為了保護自己的臉皮不受損傷，棄之不用，而改用很鈍的鐮刀刮鬍子，結果，不但鬍子沒有刮乾淨，還刮得滿臉是血。

談到用人，有許多管理者也是用這種眼光來衡量人才的，他們不敢使用真正有價值的人，只能搜集了一幫無用的糊塗蟲。

以下是管理者衡量人才的 10 個標準：

1. 不忘初衷而虛心學習的人

所謂初衷，即創造優質廉價的產品以滿足社會、造福社會。只有抱著這種初衷，才可能謙虛，也只有謙虛才能實現這

種使命。日本的松下幸之助先生在任何時候都很強調這種初衷，可以說，他的謙虛正是達成、完滿而能順利實行活用人才之道。松下指出：處於管理者崗位的人，尤其不可沒有謙虛之心。經常不忘初衷，又能謙虛學習的人，才是企業所需人才的第一條件。

2. 不墨守成規而經常別出心裁的人

要允許每一個人在基本方針的基礎上，充分發揮自己的聰明才智，使每一個人都能展現其五光十色的燦爛才能。

3. 愛護公司、和公司成為一體的人

歐美的人們當被問及從事什麼工作時，他的回答總是先說職業，後說公司；日本人則與此相反，先說公司，後說職業。一位合格的員工要有公司意識，和公司甘苦與共。

4. 不自私而能為團體著想的人

公司不僅培養個人的實力，而且要求把這種實力充分地運用到團隊上，形成合力。這樣，才能帶來蓬勃的朝氣和良好的效果。

5. 能作正確價值判斷的人

所謂價值判斷，是包括多方面的。大而言之，有對人類的看法、對人生的看法，小到對公司經營理念的看法，對日常工作的看法。不能做出正確價值判斷的人，實際上只是一群烏合之眾。

6. 有自主經營能力的人

一個員工只要照上面交代的去做事，以換取一月薪水，是不行的。每一個人都必須以預備成為社會精英的心態去做事。

如果這樣做了，在工作上一定會有種種新發現，也會逐漸成長起來。

7. 隨時隨地都有熱忱的人

人的熱忱是成就一切的前提，事情的成功與否，往往是由做這件事情的決心和熱忱的強弱而決定的。碰到問題，如果擁有非做成功不可的決心和熱忱，困難就會迎刃而解。

8. 能得體支使上司的人

所謂支使上司，也就是提出自己對所負責工作的建議，並促使上司同意；或者對上司的指令等提出自己的看法，促使上司同意或修正。如果公司裡連一個這樣支使管理者做事的人也沒有，公司的發展就成問題；如果有十個能真正支使管理者的人，那麼公司就有光明的發展前途；如果有一百個人能支使領導，那公司的發展更加輝煌。

9. 有責任意識的人

這就是說，處在某一職位、某一崗位的幹部或員工，能自覺地意識到自己所擔負的責任。有了自覺的責任意識之後，就會產生積極、圓滿的工作效果。

10. 有氣概擔當公司經營重任的人

在自我擔當的豪氣之中，我們可以看到一個人的肝膽，可以看到一個人的血性，可以看到一個人的真情實意。

儘管公司的發展需要上述十種類型的人，但正如人生在世「不如意事常有八九」一樣，實際生活中，「不稱心之人也常有六七」。

日常生活中，無論哪種場合，我們總會遇到各式各樣的人。由於各自的目的不同，所以交往方式也有差別。在這些交往的人中，不遂自己意願的總有六七，而我們自己也在別人的這「六七」裡。管理者和他的屬下、員工也是如此。

社會上有各種各樣的人，正所謂是千人千面，千人千心，不可能有那麼多和自己脾性、作風相投的人。管理者必須認識這一點。正如松下幸之助所說；「得到和自己心意相投之人的幫助，當然是件值得欣慰的事；相反的，如遇見觀念作風和自己格格不入的人；也無需懊惱。

「一般來說，在十個下屬中，總有兩個和我們非常投緣的；六七個順風轉舵，順從大勢的；當然也難免有一兩個抱著反對態度的。也許有人認為下屬持反對意見，會影響到業務的發展。但在我看來，這是多慮的。適度地容納不同的觀點，反而能促進工作更順利地進行。

「照理說，若十個下屬中有六七個能和自己心意投機，共同努力，那是再好不過了，工作也都能順利推動。而實際這是很難達到的願望，不過，對一個管理者來說，除非是自己的經營方式和處事態度太不得體，否則，十個下屬中有六七個人反對自己的情形應該很少，如碰到這種情形，就要深切反省自己了。在正常的情形下，能有兩三個人配合工作，業務就能推動。

「可能有人會認為我這種想法太消極，但這些都是我數十年來用人所得到的經驗。」

 不同職位的人才選拔

1. 管理人才的選拔

在一個企業中，管理人員要以自己的影響力去帶領、引導和激勵其他成員，實現企業的組織目標。管理人員要依據組織內的實際情況，運用領導技能，採取正確的領導方式，實現引導和激勵，同時要運用手中的權力，實行監督和控制。

管理者是在組織中具有影響力的人。有句話叫做「火車跑得快，全憑車頭帶」，在一個企業中，管理者就是企業這列火車的車頭，企業的成敗與企業管理者的素質高低有著密不可分的關係。

發現和甄選企業高級管理人才，比發掘其他人才要困難得多，更無完整的方法可循。作為一個企業高級管理者需要具備哪些素質呢？我們可舉出諸如能夠駕馭全局、有戰略頭腦、有明確的價值判斷和深刻的思想等等，但這些終究還是概念性的，作為高級管理人員，還必須具備一些具體的個人素質，如精力充沛、能夠隨機應變、善於處理各種突發情況等等。

由於企業高級管理者這個角色很重要，各種企業面臨的任務有所不同，對企業高級管理者的挑選方法並無定規。在挑選時，雖然應該重視其經歷和背景，也可以使用一些科學的人力資源測評方法，但印象和直覺判斷的因素仍佔很大比重。

對企業一般管理人員的挑選就較為容易一些。這是因為，隨著管理層次的降低，對管理人員的素質要求也相應地降低了，可以通過人力資源測評等方法來幫助選拔。

2. 經營人才的選拔

　　一位領導者曾說到:「多年來,我們聘用過各種各樣的人才,有 MBA、有律師、有會計師、有退役的運動員,還有一些從其他公司跳槽的人員。有些人做的是與自己的專業相對的工作,有些人做的工作卻是他們從未預料到的。」

　　他的人才挑選經驗教訓是:

(1)當心熟面孔

　　「如果說在聘用員工方面有什麼教訓的話,那就是要當心熟面孔。千萬不要僅僅因為某人在你們的行業裡卓有聲譽就去聘用他,最後你可能會感到他熟悉的是自己的勾當,而不是你的業務。我們公司在與一個著名運動員簽訂合約後,一開始我們打算找一個熟悉該項運動的經紀人來處理有關他的業務,為的是他們之間有共同的關係。但是很快我們就認識到並不一定非得由一個熟悉該項運動的人來向贊助人和有關公司推銷我的運動員,我們所需要的是知道如何推銷名人的推銷員。這種情形就像你如果要推銷一種新上市的洗衣精,是聘請發明洗衣精的化學家來推銷呢?還是聘請一個神通廣大的推銷專家?」

(2)考慮客戶的需要

　　公司在聘用員工時還要考慮客戶的想法。他們曾經聘請過一個高爾夫球手在公司的高爾夫部門工作,很快他們就明白了,很難將一個人從巡迴比賽的旅途中拉出來綁到辦公桌後面,並且指望其他的高爾夫球員們接受他、承認他是管理自己的事業與收入的專家。客戶們不可避免地說:「他不過是一個高爾夫球員,他懂什麼?」

在雇用一個退役職業足球運動員來管理公司的團體運動部時也遇到了同樣的問題。足球運動員們並不需要一個懂足球的人，他們所需要的是一個在簽訂合約及管理金錢方面有豐富經驗的人。這一類的問題可能是我們這個行業所有的問題。

3. 助理人才的選拔

除了秘書之外，領導者身邊還需要精明的經營者。某汽車公司主管說，開創他自己的汽車銷售業務時，對這一行一竅不通，可是他僱傭了一家大汽車製造企業的一個部門總經理來管理這項業務，相信這位先生是這一行的專家。

不幸的是，這位先生對汽車的了解是站在一個製造商的角度，而非推銷商的角度。他從未賣過一輛汽車。並且他習慣於擔任擁有一大群下屬供其發號施令的部門經理，所以已不習慣於在艱難中創業。更糟糕的是，他極容易接受工廠的意見。在汽車行業，經銷商必須與工廠進行激烈地較量才能拿到搶手貨。在這樣的情況下，他這種態度可以說是致命的弱點。

阿爾諾德後來聘請了一位與汽車行業不相干的精明能幹的商人，這位先生曾管理過自己的生意，非常熟悉企業經營管理，並且對降低成本極為熱切。如果有人對他說：「這件事一直就是這樣做的」，他一定會想辦法另闢路徑，因此使公司的業務日漸繁盛。

作為領導者應該選用敢說真話的員工作為自己的助理。在工作中，如果你的身邊全是一個腔調，沒有任何不同意見，你也不可能做出正確的決定。事實上，許多人在上司面前，都喜歡講上司愛聽的話，從而造成「偏聽則暗」。為了避免這種情

形，選拔助理人員時，應該有意識的選用敢於提出不同意見的員工，從而帶動大家暢所欲言。

領導者有必要找個能聽你訴苦的人。領導者錄用身邊的工作人員，並不是要求每個人都精明能幹，而應根據工作的不同需要，分別錄用不同的人才，從而將這種不同類型的人組合成一個有效率的整體。比如找個能聽你訴苦的下屬，也是有必要的。

4. 推銷人才的選拔

推銷員的選擇對企業來說是件相當重要的事。在選擇推銷員時，不妨有意識地從幾個方面衡量一下，被你選擇的對象是否具有這些素質。一個書生氣十足的人是不可能具有這些素質的，他要有豐富的推銷經驗，有相當高的教育程度，又有出色的智力。智力對推銷工作來說是取得成功的必備條件，但又不必要求過高，如果他是一個智力高超的人，他就不會安心做推銷工作了，而很可能辭職而去。

在選擇推銷員時，還要注意以下幾個方面：被選擇的對象要能夠安心推銷工作，能夠吃苦耐勞，以保持這一職位的人員的穩定性，否則，如果經常更換推銷員，總是由新手來做推銷工作，對銷售業績就會有極大的影響；應具有很強的事業心，把銷售公司的產品或服務作為自己的奮鬥目標，為了達到這一目標，而甘願吃苦，毫無怨言；還要具備對企業的忠誠，他應該是一個忠誠老實的人，而且他要憑著這種忠誠去感動他的推銷對象；最後還要善於辭令，措辭準確。

一位推銷員教育專家高曼說，選擇推銷員時，首先應深入

分析，公司到底需要何種類型的人才來擔任，並觀察哪些人擁有此種人才的特點和條件。高曼先生在日內瓦開設了一個訓練推銷員的公司，在這裡受培訓的是來自各個國家的大約 8000 個大企業的幾十萬名推銷員。可見，對推銷員，不但要重「選拔」，也要重「培訓」。

3 CHAPTER

讓對的人幫你實現夢想

> 一家公司若不能營利，即使擁有願為事業獻身的員工、
> 雄厚的資本，也會馬上陷入困境。

授權是領導者的分身術

　　日本「經營四聖」之一，京瓷集團的稻盛和夫從《西遊記》中得到啟示。孫悟空一遇困境，拔毛一吹，立時就有了數千個幫手。稻盛和夫就想：「我能不能學學孫悟空，也拔出一把毫毛來一吹，每一個業務現場就都有一位稻盛和夫？」

　　授權是領導者走向成功的分身術。今天，面對著經濟、科技和社會協調發展的複雜管理，即使是超群的領導者，也不能獨攬一切。領導者尤其是高層領導者，其職能已不再是做事，而在於成事了。因此，他們必須向員工授權。這樣做的好處有：

1. 可以把領導者從瑣碎的事務中解脫出來，專門處理重大問題。

2. 可以激發員工的工作熱情，增強員工的責任心，提高工作效率。

3. 可以增長員工的能力和才幹，有利於培養幹部。

4. 可以充分發揮員工的專長，彌補領導者自身才能的不足，

也更能發揮領導者的專長。

領導者或管理者向員工授權時，有 8 個問題需要注意到：

1. 「因事擇人，視能授權」，一切以被授權者才能的大小和水準的高低為依據。

2. 對被授權者進行嚴密的考察，力求將權力和責任授權給最合適的人。

3. 必須使被授權者明確所授事項的任務、目標和權責範圍。

4. 所委託的工作，應當力求是被授權者感興趣，樂於完成的工作，雙方應建立相互依賴的關係。所授的工作量以不超過被授權者的能力和體力所能承受的負荷為限度，適當留有餘地。

5. 一般只能對直接下屬授權，絕對不能越級授權。否則，會造成中層主管的被動，增加管理層和部門之間的矛盾。

6. 不可將不屬於自己權力範圍內的事授予員工，否則勢必造成機構混亂、爭權奪利等嚴重後果。

7. 儘量支持被授權者的工作，被授權者能夠解決的問題，授權者不要再作決定或指令。

8. 凡涉及有關全局問題的，如決定組織的目標、方向和重大政策等，不可輕易授權。一般應由有關部門提出方案，最後由高層領導直接決策。

總括來說，領導者把目標、職務、權力和責任四位一體地分派給合適的員工，充分信任他們，放手讓他們工作，是用人的要領。

人們都知道授權的重要，但有的能做好，有的卻做不好，為

什麼呢？一個關鍵的問題在於授權者的態度。比較正確的態度應當包括以下 4 個方面的內容：

1. 要看重員工的長處

任何人都有長處和短處，如果授權者能夠著眼於員工的長處，那麼他就可對員工放心大膽地予以任用。如果只看到員工的短處，那他就有可能由於擔心員工的工作而對其加倍操心。這樣，員工的工作勇氣就會降低。員工缺乏工作上的勇氣，其做事的成功率就不會很高，所從事的事業也不會有多大希望。所以身為領導者，對於員工不妨先用七分的眼光去看長處，再用三分的眼光去看缺點，以強化自己對員工的信任感。

2. 不僅只交付工作，而且要授予權力

領導者將本部門的工作目標確定以後，需要交付員工去執行。既然如此，就有必要將其相應的權力同時授給員工。一般來說，將工作委託給員工去做，這一點是不難辦到的，因為這等於減少自己的麻煩；將權力授予員工，就不是那麼簡單，因為這意味著對自己手中現存權力的削弱。不過，凡明白的領導者都深知職、責、權的不可分離性，因而在授權方面總是幹的乾淨俐落。

身為領導者，應該使自己成為一個明白人，把權力愉快地授予承擔相應工作的員工。當然，所授的權力不是沒有邊際的。最重要的是兩權：即員工對有關問題包括人事任免可以作出決定的——決定權；對有關的人可以發號施令，讓其做特定事情的——號令權。這樣，員工會因此感到上司對自己的信任和期望，為了不辜負這種期望，就會一心一意地去拚命工作。

3. 不要交代瑣碎的事情

只要把工作目標講明白就可以了，否則人的自主性不易發揮，責任感也會隨之減弱。作為一個領導者，對待員工最忌諱的就是「碎嘴」嘮叨個不停，使人無所適從，不知怎麼辦才好。

4. 對員工不應放水流，要給予適當的指導

身為一個領導者，絕不應該以為授出了權力就萬事大吉了。他應該懂得，儘管權力授給了員工，但責任仍在自己。如果只把權力授了出去，就可以對後果不負責任，那麼員工的能力就不可能得到充分的發揮。所以，作為一個領導者，將權力授出之後，還應該對員工進行必要的監督和指導。若是員工走偏了方向，就該著手幫其修正。如果員工遇到了難以克服的困難，就應該給予指導和幫助。只有這樣，員工的信心才會更加堅定。

不事事包攬，不一竿子插到底，不越級，不錯位，不攬權，管好自己的人，辦好自己該辦的事，這樣的領導者才會輕鬆而遊刃有餘。

讓領域專家為自己工作

國內大部分中小企業在發展擴張階段，都會遇到較大的人力資源瓶頸，許多行業都面臨著內部產能規模擴大的同時，缺乏高級技術管理複合型人才，而外部收購兼併時，卻也沒有人才可以輸出的困境。

企業領導每天都在為人才問題焦頭爛額，加速內部人才儲備

與培養計畫的實施是他們必須做的功課。但形成內部人力資源梯隊的良性循環需要較長的時間，更為糟糕的問題在於，由於企業前期經營管理的粗放與缺乏前瞻性，人力資源每一環節想要變革都將涉及到系統的調整。比如內部人才培養看似簡單，實際上需要整個人力資源鏈條的協同支持。只實施人才計畫還不夠，相應的培訓、內部晉升通道、激勵機制等制度也要完善起來，否則人才問題還是無法解決。

內部人才儲備的功課固然要做，但充分利用外部人力資源卻是更現實、更直接的辦法。走向成功之路無非三條：第一，與成功者合作；第二，僱傭成功者；第三，為成功者所僱傭。成功的企業家必須善於駕馭各方面的成功人士為他所用，尤其是領域內的專家，他能使企業在短時間內、在某一專業領域內迅速提升競爭力。借用一個專家的力量，讓專家為自己工作，可以大大降低企業依靠自身力量所需要的人力、物力、財力以及時間成本。

有人引進了國外一條先進的生產線，如果只依靠企業現有的技術人員，是無法滿足企業迅速掌握新的生產技術以及生產線維護的需要的。引進機器的同時引進人才應該是一個好辦法。當然，較高的人力資本投入是在所難免的，但與其為企業帶來的各種效益相比，還是值得的，企業也是能夠接受的。

很多中小型企業主仍停留在想做大又不敢承擔風險的怪現象中走不出來，或者只是認識到整合行業資源的重要性，但就是沒有提升到人力資源整合的高度。

通用電氣多元化戰略成功運作的人才理念，就是尋找每一領域最優秀的人才。比如利用印度強大的研發能力，通用電氣塑膠

事業部在印度建立了一個新的基層研究開發中心，聘用印度的博士；而通用電氣醫療系統事業部則在以色列從事新的核產品的開發；通用電氣在東歐還有 11 家工廠，因為在捷克、斯洛伐克能找到比美國更好的冶金學家。

做企業家與領域專家各自該做的事吧！正如古人云：「賢主勞於求賢，而逸於治事」。企業家要把 70％的精力放在考慮企業的未來發展上，而企業未來戰略的規劃，主要靠相對的人力資源作支撐。所以，賢明的企業家應該傾注更多的時間與精力在賢能之才的尋找與合作上。

美國鋼鐵大王卡內基就是一位會用能人的專家。他的墓碑上刻著：「一個知道選用比自己更強的人來為他工作的人安息於此。」

某些顧問在為企業作諮詢的過程中經常能看到這樣的場景：老闆經常自己下海動作做，甚至還在深夜裡跟技術人員一起解決問題。不是說老闆不應該這樣做，而是老闆不應該讓這種行為成為一種習慣。如果這些事情都需要老闆親自過問，那麼聘請的其他高層是做什麼的？聘請的專家又是做什麼的呢？

從這裡我們可以看到，隨著企業的發展，企業家要從行業裡鑽出來，要站在更高的角度管理企業。企業家要抓的是戰略，是人力資源，是品牌、資金、資訊，而具體的事務就可以分給那些在各個方面都比企業家出色的人才去做，這樣企業才有可能做強、做大。

善於借重他人

任何人如果想成為一個企業的領袖，或者在某項事業上獲得巨大的成功，首要的條件是要有一種鑑別人才的眼光，能夠識別出他人的優點，並在自己的事業道路上利用他們的這些優點。

一位商界著名人物、也是銀行界的領袖曾說過：他的成功得益於鑑別人才的眼力。這種眼力使得他能把每一個職員都安排到恰當的位置上，並且從來沒有出過差錯。不僅如此，他還努力使員工們知道他們所擔任的位置對於整個事業的重大意義，這樣一來，這些員工無需監督，就能把事情辦得有條有理、十分妥當。

但是，鑑別人才的眼力並非人人都有。許多經營大事業失敗的人都是因為他們缺乏識別人才的眼力，他們常常把工作分派給不恰當的人去做。他們本身儘管工作非常努力，但他們常常對能力平庸的人委以重任，卻反而冷落了那些有真才實學的人，使他們埋沒在角落裡。

其實，他們一點都不明白，一個所謂的幹才，並不是能把每件事情做得很好、樣樣精通的人，而是能在某一方面做得特別出色的人。比如說，對於一個會寫文章的人，他們便認為是一個幹才，認為他管理起人也一定不差。但其實，一個人能否做一個合格的管理人員，與他是否會寫文章是毫無關係的。他必須在分配資源、制訂計畫、安排工作、組織控制等方面有專門的技能，但這些技能並不是一個善寫文章的人一定具備的。

世上成千上萬的經商失敗者，都壞在他們把許多不適宜的工作加在員工的肩上，再也不去管他們是否能夠勝任，是否感到

愉快。

一個善於用人、善於安排工作的人就會在管理上少了許多麻煩。他對於每個員工的特長都了解得很清楚，也盡力做到把他們安排在最恰當的位置上。但那些不善於管理的人竟然往往忽視這重要的方面，而總是考慮管理上一些雞毛蒜皮的小事，這樣的人當然要失敗。

很多精明能幹的總經理、大主管在辦公室的時間很少，常常在外旅行或出去打球。但他們公司的營業絲毫未受不利的影響，公司的業務仍然像時鐘的發條一樣有條不紊地進行著。那麼，他們如何能做到這樣省心呢？他們有什麼管理秘訣呢？沒有別的秘訣！只有一條：他們善於把恰當的工作分配給最恰當的人。

如果你所挑選的人才與你的才能相當，那麼你就好像用了兩個人一樣。如果你所挑選的人才，儘管職位在你之下，但才能卻要超過你，那麼你用人的水準真可算得上高人一等。

一個人是唱不了大合唱的，必須借人而成。由此可見，借人成事是至關重要的，你忽略這一點，就只能演獨角戲。

轉化領導為指導

領導者與行政人員的關係，不是領導者與被領導的關係這麼簡單。如果領者導一味地命令行政人員做這做那，企業的行政工作會很亂。因此，領導者為了更好的處理行政事務，必須改變和行政人員的關係，變成行政指導。

用人之道是領導、對象和環境三者交叉作用與交織影響的過程。用人之道除了隨環境而變外，還要考慮對象這一重要因素，

同時也應該隨對象的不同而不同。日本的片方善治指出：「不了解對象，就不可能發揮領導作用。」用人者要學會利用自己的用人經驗，經常改進用人方式，使自己隨時適應新的對象和新的用人情況。

不同的對象其素質、能力以及相關的情況均有不同，這種對象的差別性要求用人者的作風及方式具有可變性，隨對象不同而有所不同。對象的差別性往往會使不善權變的用人者捉襟見肘，顯得無能。要想用人得心應手，左右逢源，有效地組織、調度、指揮對象，用人者必須了解對象、熟悉對象、善於權變，善於根據不同對象採用不同的作風、方法和手段。

精通權變的領導者，他的用人風格並不是單一的，而是一種複合的可變的作風形態。他也許會覺得對某個對象必須採取堅決、毫不含糊和明確運用權力的領導方式；而對另一對象，則認為應該採取鬆散、自由和共同磋商的領導方式。一個用人者其用人風格的多樣性，集中體現於對不同人施以不同的領導作風。

領導者的領導作風一般可以分為 3 種類型：

第一種是集權、命令式的領導。主事者要求下屬絕對服從，一切方針和行動計畫由用人者個人制定。

第二種是民主、協商式的領導。主事者透過討論協商的方式，組織使用對象參與制定方針和行動方案。

第三種是分權、放任式的領導。主事者就像個資訊中心，他極力限制自己在組織活動中的作用，只進行最低限度的控制，而更多的是從事收集整理各種素材及資訊的工作。

在這三種作風的領導類型中，民主協商式的領導既可以提高

工作效率，又能讓使用對象得到較大的滿足。因此，在通常情況下，對大多數的人採取這一類型的領導作風是適合的。

能權變的領導者即使是對待同一單位從事同一類工作的人，也會因為他們的身份不同，其調度使用的方式也有所不同，比如：

對直接下屬人員——指揮。上層對直接下屬的使用多採取指揮的方式，可以具體安排他們為完成某項任務而採取行動。

對間接下屬人員——指導。上層在非直接的下屬面前只適宜以指導的方式出現，對他們的行動給予一些參考性的指點和引導。

對左右助理人員——支派。對協助工作的秘書之類人員，主事者可以隨時隨地不拘形式地支使他們去辦一些事。

對身邊參謀人員——商量。在主事者要求參謀人員出主意、想辦法時，只能以磋商的方式進行。

權變用人觀還把工作行為、關係行為和對象的成熟度結合起來考慮，主張根據對象不同的年齡、不同的成就感、不同的責任心與能力等條件，採取不同的行為方式。隨著對象年齡的增長、技術的提高，由不成熟逐漸向成熟發展，用人行為也應該按照這樣的順序逐漸變化推進：高工作低關係→高工作高關係或高關係低工作→低工作低關係。

這就是說，當對象成熟度較低時，領導者可以採取高工作低關係的領導方式，直截了當地給使用對象規定任務，要他們做什麼，怎麼做。當對象的成熟度處於中等水準時，領導者適宜採取高關係高工作或者高關係低工作的領導方式，通過說服教育或參

與管理來調動對象的工作積極性。當對象的成熟度達到較高水準時，領導者只宜採取低工作低關係的領導方式，通過充分授權、民主協商的辦法，組織對象完成任務，實現目標。

另外，即使是同一對象，在不同的時候，也會要求領導者有不同的領導行為。當工作任務模糊不清，使下屬無所適從的時候，他們希望領導者以高工作的領導作風出現，幫助他們對工作作出明確的規定和安排；處於例行工作或者內容已經明確的工作環境中，他們則希望領導者能有高關係的領導作風，使他們得到個人需要的滿足；如果工作任務已經明確，主事者還在喋喋不休地發佈指示，下屬就會覺得厭煩，認為是對他們不信任。

優點比缺點更重要

用人，揚其長就是人才，用其短就會成為庸才。古人云：「人之才行，自借罕全，苟有所長，必有所短。若錄長補短，則天下無不用之人；責短捨長，則天下無不棄之士。」金無足赤，人無完人。任何人才，都不是全才，有其長則必有其短，用其長就是人才，都能成就事業；若捨長用短，則都是庸才，都難以擔當重任。

大軍事家孫臏在佈陣用兵方面是天才，但若派他到陣前與敵人刀槍相交，則定要送死；張飛在衝鋒陷陣中勇冠三軍，若讓他代替諸葛亮運籌帷幄，非弄出大亂子不可，但若讓諸葛亮去與人短兵相接，他也必然沒有好下場；水中格鬥時最適合張順，陸上廝殺則還要看李逵的表演，如果張順與李逵作個換位，那必然大敗而歸；宋徽宗不是個好皇帝，卻是個好畫家；李煜不是個好君

主，卻是個優秀的詞人；明朝天啟皇帝處理國家大事一塌糊塗，但做起木工工作來卻比一般木匠要漂亮得多。所以說，揚長避短，處處皆人才，人人皆可用。

象棋中的「車、馬、炮」顯然是攻擊性的中堅力量，比賽的勝利主要靠他們。但是「車、馬、炮」再怎麼神勇，還只是「將帥」手中的「棋子」，必須執行將帥的意志。老將如果不能用好這幾個子，那這些「車、馬、炮」就像廢子兒，完全沒有用。只有分別掌握了「車、馬、炮」的應用特點，知其長短，才能取長補短，發揮最大作用。

如何用人，下列幾點可遵循：

1. 根據員工的性格

領導在用人時，要注意員工的性格特徵。對於一個人來說，性情於人也許是天生的。但作為領導若能夠巧妙地運用他，使之能夠既顯其能，又避其短，那這幾乎可說是用人的最高境界了。

心理學將人的性格分為膽汁類、多血類、黏液類、抑鬱類這4種類型。不同性格類型的人對工作崗位的適應性不同。比如，精力旺盛、性格剛強卻粗心的膽汁類人才，不能深入細微的探求道理，因此他在論述大道理時，就顯得廣博高遠，但在分辨細微道理時就會失之於粗略疏忽；此種人適於安置在創新性的工作崗位上。

性情活躍、反應敏捷、善於交際的多血類人才，可以採取以目標管理為主的方式。在目標、任務一定的情況下，儘量讓他們自己選擇措施、方法、手法和手段，自己控制自己的行為

過程。同時還可適當擴大他們的自主權，給他們迴旋的餘地和發展的空間。

對於安靜、忍耐、性格堅定又有點韌勁的黏液類人才來說，他們喜歡實事求是，因此他能把細微的道理揭示得明白透徹，因此比較適於安置在需要條理性、冷靜和持久性的科學研究工作崗位上。

而對於性情孤僻、細心敏感的抑鬱類人才，可以採取以過程管理為主的方式。給他們略超過自己的能力的任務，使他們得到成功體驗，建立起可以不比人差的信心，同時注意肯定他們的長處，一點點啟動起來。

2. 依據員工的興趣

興趣是最好的老師。有興趣，才會有慾望和動機。當興趣產生時，能使人的注意力高度集中，能激勵人的工作熱情，這樣人的能力才會全部的發揮出來。

具有某方面能力的人，一般來說對某方面的事情就特別地感興趣。20世紀50年代，南美洲的一個小村莊裡，一群小孩圍著一只用布縫起來的足球踢來踢去，樂此不疲，幾乎天天都抱著球來這個空闊的小場地踢球。20年後，其中的一個小孩站在了世界足球的最高點，他就是享譽世界的球王貝利。

貝利是熱愛足球的，他的父母也深深的看到了這一點，所以他們並沒有阻止他的足球夢想，而是給予適當的引導，這也終於成就了貝利。同樣如此，領導者在使用人才的時候，既要強調專業對口，但又不能太絕對化，還要考慮到他的興趣方向。

3. 重視員工的長處

　　對一個公司來說，人力資源總是有限的，因此充分地發揮每個人的長處和才智，而不是埋沒才智，是時代的要求。每一個人都有自己的長處，作為領導者，對待下屬不能求全責備，應揚長避短，為下屬發揮這些長處創造條件。

　　在楚漢爭霸的歲月裡，劉邦手下有韓信、蕭何、張良等幾員大將，對於這幾員大將劉邦也可謂是做到了用其所長。在劉邦長期的征戰實踐中，他漸漸發現韓信的確是將才，用兵打仗，堪稱無人能比；而蕭何心思縝密，行為非常謹慎小心；張良則足智多謀，稱得上是一位運籌帷幄的謀士。

　　於是，在以後的征戰中，劉邦果斷地將用兵之權交給了韓信；而把糧草等後備物資的籌畫、運輸交給了蕭何，來保障前線士兵的供給；而張良則理所當然地成了帳下一位重要的謀士。由此可見，對人、對自己的下屬，即使是對毛病很多的人，首先要看到他的長處，才能把他的才能充分利用。

　　高明的領導者應該通過領導行為發現員工的優點，並使之不斷得到發揚光大，進而影響員工的工作行為，逐漸地，人才的優點就會多起來，缺點也會少下去。在發揚人才長處的同時，領導自己的公司本身也會獲得成功。

　　三國時期的領袖也是十分注重人盡其才，才盡其用的。曹操用人講究各因其器，唯才所宜。許褚、徐晃都有萬夫不當之勇，但性格急躁，爭強好勝，經常與同僚爭得面紅耳赤，怒目圓睜。曹操對此並不加以責備，而是在行軍打仗時多交付其艱巨的任務，使其好勝心理在完成艱巨任務的同時得到釋放和

昇華。

　　在科技競爭、人才競爭愈演愈烈的現代社會，使用人才講求各盡所長。每一位領導者，都應該學會揚長避短的用人藝術，使有限人才的智慧都放射出它絢麗的光芒。

4. 不可忽視「偏才」

　　量才而用不可忽視的一點是：偏才也是才。擁有偏長的人才也要使用到最適合他的工作崗位上去。所謂偏長，就是指某人在某一方面所特有的一種技能。具有這種偏長的人，很容易被人所忽視。其實，發揮這類人的特長，也是高明的領導者所注重的用才之道。

　　《水滸》中的時遷，偷雞摸狗成性，一度混得「老鼠過街，人人喊打」。但是他也有自己非常突出的特長，那就是一身飛簷走壁的好功夫。當他上了梁山，被梁山的英雄好漢們感化，他的長處也就派上了大用場。在隨後的一系列重大軍事行動中，軍師吳用都委以重任，使時遷成了這些軍事行動成功的關鍵性人物。

　　因此，用人應首先看他能勝任什麼工作，而不應千方百計挑其毛病。戰國時期的孟嘗君正是認識到了這一點，所以他收留了兩位雞鳴狗盜的食客。在一次，他準備離開齊國去投奔秦昭王時，秦昭王聽信了讒言，將孟嘗君囚禁了起來。但後來，他就是靠著雞鳴狗盜之士，才逃出了秦國，大難不死。孟嘗君相信人的能力各有其用，不因其個人能力偏頗而棄之，不因其個人德行低劣而不用，果然在關鍵時刻派上了用場，從而保住了自己的性命。

領導人的 13 個大忌

　　美國財星顧問集團總裁史蒂文‧布朗為了幫助經理人員減少管理錯誤，出版了《經理常犯的 13 項致命錯誤及其避免之道》一書。該書十分精闢地指出了 13 種管理錯誤以警示後人。

一忌：拒絕承擔個人責任

1. 領導者推卸責任就無法取得成功

　　要使企業有效地運轉，管理部門必須負起責任。杜魯門擔任美國總統時，他的橢圓形辦公室上掛有一塊牌子，上面寫道：「責任就在這裡。」每個企業家都應採取這種態度。

　　如果你對部下的表現不滿意，請不要責怪部下，因為錯誤就在你自己身上；如果你對公司的經營不滿意，請在自己身上找找原因，而不要只是到市場上去找原因；如果你對公司的贏利百分比不滿意，請不要歸咎於通貨膨脹，而應嚴肅地看一看你是怎麼做的，你要是推卸責任，就永遠無法取得成功。

　　越是推卸責任、逃避責任，就越有可能失敗。至於一個領導者會遭到怎樣的失敗，可以通過一個公式來預測，這個公式是：他越是想尋找社會可以接受的藉口，就失敗得越慘。

　　管理人員必須承認，內因是起主要作用的。要把企業管理好，必須把部下帶好，而部下只跟他們所敬重的人走。贏得部下敬重的一個辦法是，勇敢地承擔起自己應該承擔的責任。這就是說，如果遭到失敗，如果事情的結果不如希望的那樣好，我們應當說：「唉，我失敗了，是我的錯，不經一事，不長一

智，我不會重犯這種錯誤了。我能把這次失敗變成今後的成功。」

2. 領導者要有膽量說「我不懂」

你要是敢於承擔責任，一個重要的表現方式就是，要敢於承認自己並非什麼都懂。懦弱的領導者絕不敢說「我不懂」這三個字。

精明的領導者在部下提出他也解決不了的問題時，往往這樣的回答：「你提出了一個重要的問題，我們必須找出答案。哪位是這方面的專家，我們一起去請教他們。」這寥寥數語，不但對部下的工作給予了指導，而且還對部下表示了鼓勵和讚賞。

3. 管理並不意味著領導人本人拚命做

領導者本人每天工作多少個小時並不重要，領導者本人拚命做也並不重要。真正重要的是，你做出了哪些成績？你帶領部下實現了多少預定的目標？你有沒有把部下的積極性充分調動起來？有沒有把他們的潛力充分挖掘出來？

4. 部下工作不帶心

有些經理忘記了管理是在部下自願合作和努力的前提下，並通過部下的自願合作和努力實現本企業預定目標的技術。企業並不是供人們頂禮膜拜的廟宇，而是滿足人類需要和解決人類問題的一個工具，是通過提供產品和服務來滿足人類的需要和解決人類的問題的。要想把企業管理好，要使員工自願合作與努力，企業必須先滿足員工的合理要求。

◀ 二忌：不能好好地培育人才

1. 衡量領導人好壞的標準是看其部下的工作能力如何

　　毫無疑問，公司裡確實存在著必須由經理親自解決的問題。然而，你如果不讓部下通過解決日常遇到的問題以獲得經驗，那就是剝奪了部下解決問題的能力，就是不給部下提高的機會，其結果是你害了他。

　　美國企業界著名女強人玫琳凱‧艾施（Mary Kay Ash）認為，從某種意義上說，經理的職責就是提高部下解決問題的能力，經理是培育偉人的園丁。她在自己的書中說：「每一個經理都應該懂得，上帝把偉人的種子播在每一個人身上。一個經理能夠使這些種子開花、結果。遺憾的是，我們大多數人活著的時候未能把自己的潛力充分發揮出來。據說，我們實際發揮出來的能力，只是上帝賦予我們能力的 10％，剩下的 90％一直沒有挖掘出來……」

　　那些情不自禁地希望部下依賴自己的經理，培養不出能力強的員工，他領導的集體永遠是軟弱無力的集體。考核一個經理的標準，不是看他本人能幹什麼，而是看他本人不在場的時候，他的部下能否處理日常事務，能否拿得出上級管理部門需要的材料，能使不滿意的客戶感到滿意。

　　至於怎樣提高部下的能力，經理們則應採取「動口不動手」的方法。

2. 領導人可能掉入的陷阱

(1)「保姆式」陷阱

　　許多人也許對自己的「保姆式」管理和解決問題的能力感

到自豪。他們喜歡把部下遇到的問題統統攬過來。在他們看來，問題應當上報，而不應當下放。

事實上，高明的經理應當將解決問題的權力下放。如果部下回答不了他的部下的提問，對付不了所遇到的挑戰，或解決不了委託他解決的問題，那麼留他何用？

如果部下請你幫他解決一個問題，則應當按照下面的方式去做：第一，停下你正在做的事；第二，細心觀察來人的面部表情；第三，邊觀察邊聽彙報，不但自己要弄清問題，還要弄清來人對此問題的態度，然後你再幫他出主意，共同商討對策。但是，你務必讓部下把問題帶走。如果他沒有把問題帶走，那就不是你在管理部下，而是部下在管理你。

(2)「一代半雇主」陷阱

經理應設法把部下培養成強者。這樣，企業才會長盛不衰。如果對這一點有什麼懷疑的話，那麼，就有必要注意一下大多數小企業的壽命不超過「一代半雇主」的現實。

從大量有案可查的資料看，小企業的發展的模式是：一個人自己創業後，在此人自己的經營期間一般不會垮掉，但是往往在此人的繼承人接手經營一段時間後倒閉。原因就是因為創業者傾向於把持一切權力，這就決定了他們的企業只能是短命的。如果不誠心誠意培養自己的接班人，就無法保證企業長盛不衰。

(3)「電籬笆」陷阱

請把妨礙部下成長的「電籬笆」一條一條列出來，認真加以分析，然後統統拆掉。應當鄭重其事地告訴部下：「一度確

實存在的那些限制，現在再也不妨礙你們前進了，你們放心大膽地邁開步伐做吧！」

📣 三忌：忽視部下的思維

成功者與失敗者的差距，在於成功者養成了從事失敗者不願從事的工作習慣。但是，工作習慣本身不是原因，而是結果。

行動→習慣→結果（即成功）的公式不完整，完整的公式應當是：思維→感受→行動→習慣→結果（即成功）。企業家謀求的部下持續取得好成績和提高勞動生產率的目標，是這個完整的公式的結果。要實現這一目標，企業家應從影響部下的思維開始。第一，你的一種想法必須為部下所接受；第二，部下只能接受了才能產生共鳴；第三，感情上共鳴才會促使部下主動採取你所希望的行動；第四，部下主動採取的行動往往能成為習慣；第五，能把上司的意圖變成自己的習慣的部下一定能取得成功。

部下在面臨新的挑戰時會暗自思考：「接受新的挑戰對我有什麼好處？」如果認為有好處就去做，否則就會拒絕去做。這裡所說的好處不單是指錢。當然，如果我們不付給部下報酬，那麼他們是不會好好工作的。這一點可以理解。但是，從本質上講，人們工作不只是為了錢。

因此，部下思考的「接受新挑戰對我有什麼好處」，實際意味著：「接受新挑戰能不能滿足我的自尊心？」所有人執著追求的目標，莫過於滿足自尊心。

一個人要是認為上司分配給他的工作十分重要，他會感到，這是上司瞧得起他，抬舉他，他會因此激動不已。他甚至會為了

那份工作獻出生命。他之所以願為事業獻出生命，是因為在他看來，事業比他個人的生命更重要。

四忌：附和錯誤的一方

所謂忠於上級，絕不意味著一定得同意上級的見解，也不意味著部下一定得同意你的見解。當然，在公司裡必須保持上級指揮下級，下級服從上級的制度。要是不注意這一點，就會給本人和上級造成麻煩。

那麼，導致經理們不同上級保持一致的一個原因是，一些企業往往把沒有具備領導才能的基層生產能手，提拔到管理部門當經理。他們錯誤地認為，某人是基層最能幹的一把好手，似乎只有把此人提拔上來當經理，才是合乎邏輯的獎勵。客觀地說，從基層提拔基層經理是正確的。但是，務必使新任命的經理在上任時具備一個經理應當具備的領導才能和信心──基層生產能手對基層的問題瞭若指掌，但是他們對上級管理部門的問題也能瞭若指掌嗎？如果一家公司為了給該公司的一位天才人物增加薪水，才把他提拔上來當一個蹩腳的經理，那就是最愚蠢的做法。

五忌：熱衷於「大雜燴」式的管理

「大雜燴式」的管理大致有以下 3 種形式：一是通過員工大會實施管理；二是對無辜員工和違章員工不加區別地指責；三是當眾點名批評部下。

管理是一對一的事情。所謂一對一，是指領導者與被領導者、上級與下級個別交換意見和私下解決問題。一對一的談話使

你有機會了解到問題的根源在哪裡。

要想把企業管理好，企業家不但要善於運用成功的管理技術，而且要因人而異，一把鑰匙開一把鎖。應記住，一旦找到了打開一個部下心鎖的鑰匙，往往可以反覆用這把鑰匙去打開那個部下的心鎖。

所有講求效益的企業家都把以下 4 種主要管理方式混合起來用，根據需要、情緒、條件作相應的調整。

1. 獨裁式管理：顧名思義，就是企業家一個人說了算。至於能否奏效，取決於以下兩個因素：即環境因素和接受管理的是誰。

2. 教條式管理：即企業家在碰到問題時自己不動腦筋，而是機械地按照政策或規定去作處理。

3. 民主式管理：這並不意味著讓一個企業的每一個人都參加對每一件事的表決。嚴格地說，這種做法根本不是管理。

4. 獨特式管理：即儘管考慮到管理對象性格上的特異之處。如果我們在培養某人或與某人共事時，儘量考慮到脾性或性格上的特異之處，那麼，我們實際上就是在實施獨特式管理。

六忌：輕視利潤的重要性

一家公司如果不能營利，那麼即使該公司擁有最願為事業獻身的員工、最雄厚的經濟實力，有生產出一流產品的技術並在公眾中享有最高的榮譽，也會馬上陷入困境。無論在哪個國家，人們評價一個企業管理工作優劣的至高無上的標準，都是看企業營

利的能力。

無論哪一家企業或機構，如果扣除費用之後沒有盈餘，那它就無法運轉下去，哪怕是教會等慈善福利性質的機構，也必須按照這一原則管理。很難想像一家公司中有哪一個管理部門與該公司的營利沒有關係。

一個企業家如果看不到自己的行動與公司的利潤這兩者之間的因果關係，往壞處說，他的處境也是岌岌可危的。在一個企業裡，人人都有責任而且也都能夠為本企業增加利潤而作出貢獻。

◀ 七忌：忘記自己的主要目標

許多經理用 90％的時間去處理只影響到公司 10％的生產活動的問題，他們往往因疲於應付一些雞毛蒜皮的問題而忘掉了自己的主要目標。當然，也有一些經理不是這樣，他們的主要精力不是浪費在一些雞毛蒜皮的問題上，而是集中在自己孜孜追求的主要目標上，這種經理可稱作是開拓型經理。

所謂開拓型經理，就是善於了解並利用自己的處境，把一些乍一看是妨礙自己實現既定目標的絆腳石，變成最終使自己取得成功的推動力。

◀ 八忌：僅是員工的工作夥伴

凡是有可能觸怒顧客的事，也有可能觸怒員工，你有義務像對待自己最好的顧客那樣，去對待自己的員工。如果你和部下在一起時不注意自己的行為舉止，那就是不尊重他們。他們當然也不會尊重你。請記住：上司和部下在一起時，並不只是單純地社

交場合。

上司在同部下交往時常犯的三個錯誤是：1.放棄對老同事的領導；2.像管理家庭那樣管理企業；3.墜入情網。

◢ 九忌：沒有制定工作標準

如果對各項工作的職責作出書面規定，對於順利地管理有兩大幫助：一是會確切地告訴員工，你對他們的要求是什麼；二是確切地告訴自己，你對員工的要求是什麼。

管理部門應以書面檔案向員工保證，只要他們遵守公司的明文規定，就可以享受到更好的待遇，得到晉升的機會。員工也可以以書面檔案向管理部門保證遵守公司的各種明文規定，以分享這些規定帶來的好處。

如果勞資雙方一致把明文規定視為契約，視為提高產品品質的保證，那麼管理工作會變得容易。

◢ 十忌：不培訓新員工

忽視培訓新員工的4個原因：1.以為他們已經具備相應的技術水準；2.過多地強調天賦和個人奮鬥；3.過高地估計員工接受技術的能力；4.以為培訓新員工不是分內的事。

◢ 十一忌：寬恕不稱職的員工

批評原則：1.千萬不要發火；2.批評要具體；3.私下批評；4.用實務說話；5.要進行批評的同時給予表揚；6.在指出錯誤時還要指出正確方向；7.不要沒完沒了地批評。

批評的 6 大步驟：1. 指出所觀察到的具體越軌行為；2. 告訴部下你對這種越軌行為是怎麼想的；3. 讓部下知道你為什麼那樣想，把部下的越軌行為同其本身的需要、目標、榮譽關連起來，而不要同你的關連起來；4. 聽聽部下本人的意見，要務必使其明白問題的嚴重性；5. 同部下就應當採取的具體措施取得一致意見，應當重新為其指出正確方向，並為其糾正越軌行為規定時限；6. 在部下確實改正錯誤和缺點後，儘量在公開場合予以表揚。

十二忌：獎賞有失公允

實驗證明，凡是營利的公司，首先是靠誠實可靠的大多數中等水準的員工，其次才是依靠為數不多的一流水準的員工。衡量一下各類員工的工作成績在總成績中所佔的比重，就不難看出中等員工是公司的中堅力量。他們為公司的成功作出了巨大的貢獻。但是，我們許多企業家在獎賞部下時，卻忘記了他們。

對於中等員工，經理只給他們薪水是不夠的。只要他們完成了任務，就應給予適當的獎賞。從某種意義上來看，他們比一流水準員工更需要得到經理親自授予的獎品或給予的表揚。獎勵不一定非重金不可，凡完成任務者均應給獎，經理送上幾句話或一支鮮花，效果都是一樣的。

十三忌：操縱員工

所有公司都想找到提高生產效率的有效方法，常用的是：增強員工的信心、感情、作用。作為一名主管，對員工管理的方法

必須謹慎，有效的方法令員工自尊心、集體榮譽感大增，並提高生產力；反之則使員工感到受操縱，反而會適得其反。

如何「擇優」挑出人才

「擇優錄用」是領導選拔人才的一項基本原則，有了這項原則，就能讓比較優秀的人才走到前台來，擔任重要角色。

然而，在實際工作中，這一階段往往會遇到很多棘手的問題。比如，怎樣「擇優」；何為「最優」；你能保證所選擇的人才是「最優」的嗎？為什麼有時候「最優」者居然落選，而「較優」者卻反而上任了等等。這些問題，是目前許多領導者共同感興趣的問題。為了幫助大家較好地解決這些問題，下面，我們著重從思想方法和工作方法入手，探討「擇優上任」中幾個值得注意的問題。

1.「擇優」中的積極平衡

儘量維持積極的人才平衡和心理平衡，是做好「擇優」工作的一個重要前提，也是選才者必須優先考慮的一個重要因素。由於各種內外在因素的制約和影響，選拔對象之間的德才素質和實際表現，呈現出千姿百態的不平衡狀態，有的強些、有的弱些；有的此強彼弱、有的彼強此弱；有的明強暗弱、有的明弱暗強。對於這些選拔對象，選才者當然應該在廣大視野的基礎上，首先對其進行科學、準確地考察和鑑別；然後，再經過認真的類比和篩選，擇優用之。為了確保「擇優」的準確性和合理性，尋求積極的平衡，不單是消極的平衡。也就是說，通過「擇優」，要使各類人才心情舒暢，充分發揮其聰明

才智——取得「人才平衡」；還要使人才周圍的廣大職工心服口服——取得「心理平衡」。

2.「單項擇優」與「綜合擇優」

「擇優上任」，理當選擇「最優」的人才。然而，「最優」並不等於德才積分「最高」。所謂「最優」人選，應該是能夠適應崗位、層級的多種需要，並能在人才群體中組成「最佳效能」的那一個對象。按照這一理解和要求，選才者在「擇優」時，就應該既要考慮到人才的單項優勢，同時又要考慮到他的綜合優勢，並根據各種選才需求，全面權衡利弊，然後作出「終端決策」。唯有按照特定的崗位、層級和人才群體的結構需求，酌情進行單項「擇優」或綜合「擇優」，分別挑選擅長組織管理的「通才」，和能夠與其他成員搭配成「最佳組合」的「專才」，才能使被選者成為「最優」的人才。據此，我們便可以充分理解，為什麼有時候「最優」者居然落選，而「較優」者卻反而上任這一「似怪非怪」的人才現象了。

3.「順境擇優」與「逆境擇優」

人才在成長過程中，經常會交替遇到順境和逆境。當人才處於順境中時，優越的外在條件，往往能使他的內在條件得到充分發揮，從而較容易地獲取顯著的社會效益；反之，當人才處於逆境中時，惡劣的外在條件，又勢必抑制或抵消掉他的一部分內在條件的發揮，從而使人才較難獲取令人滿意的社會效益。顯而易見，在這兩種情況下，對同一人進行德才測評，其德才積分是不大相同的。為此，選才者在選才決策時，就應該充分考慮到紛繁複雜而又千變萬化的客觀現實對人才成長的可

能影響，以及在這種影響下出現的「放大」或「縮小」的實際效果，從而對人才的德才表現和績效水準給予公正、合理的評價。只有這樣，才能穿透表象，將真正優秀的人才選拔上來。

在實際生活中，順境和逆境的條件極其複雜，人才的境遇也千姿百態，這就要求選才者在「終端決策」中，要正確處理好順境「擇優」與逆境「擇優」的問題。

我們既要大力選拔那些在順境中充分顯露才華的人才，也要放手選拔那些雖然身處逆境，卻百折不撓奮力進取，依然能做出可貴貢獻的人才。只有這樣，才能盡可能多地挖掘出各類人才。

4.「靜態擇優」與「動態擇優」

在選才決策中，我們往往發現，有一種選拔對象，人們通常稱之為「有爭議」的，他們的優點突出，缺點也很明顯，群眾反映不一致，總經理也有不同的看法。由於他們曾在工作中得罪過一些人，致使一部分人對他們的缺點看得過重，甚至有意添加不少缺點。還有一種選拔對象，其優點並不突出，缺點也不大明顯，由於上下關係處理得好，頗得人心，不少人甚至用溢美之詞，為其塗上一層美麗的「色彩」。

對於這兩種選拔對象，如果選才者貪圖省事，僅僅處於靜態之中來觀察其德才素質，往往會不辨良莠，難識真偽。此時識別的唯一有效的方法，就是將選拔對象置於「動態」之中，用他們過去和現在的實際表現，去驗證他們的優缺點。因為人為添加的「缺點」和有意粉飾的「優點」，都經不住客觀實踐的檢驗。

　　從這個意義上說，所謂「動態擇優」，就是在選才中，注意考核人才在活動時的發揮力和轉化力；所謂「靜態擇優」，則是偏重考核人才在靜止時，持有的片面思想力和工作力。我們一般並不反對根據現有的考察資料來分析評估人才，但是，這種「靜態擇優」，必須和活動中的德才表現，一起分析評估。兩者結合起來，才能獲得準確的選才效果。

　　總之，掌握科學的選拔人才的工作方法和思想方法，是充分開發人才資源的一個關鍵環節，也是掌握高超的用人藝術的「必由之路」。願各級領導者，在自己的用人實踐中，勇於進取，大膽探索，不斷掌握更多、更新的選才方法。

知人知面要知心

　　知人知面要知心，這是識人學上的一個基本定律。只有在知人知面而且知心的情況下，才能決定是否啟用或重用其人。歸結古今中外識人用人的經驗和教訓，具有下列特性：

1. 具備一個積極的心理狀態

　　　　有一個小女孩，母親非常喜愛她，十來歲了，頭的後邊仍紮著小辮子。好奇的男同學總是取樂於這個「小辮子」，摸摸拉拉，出其不意地向她襲擊。與其說是取樂於她，還不如說是在欺負她。甚至還有用小石塊之類的東西投擲她，有時竟將他頭部打起了血包。小男同學開始是一個、二個，接著是三個、四個，弄得「小辮子」很傷腦筋，但也毫無辦法，只好逆來順受。在一次放學回家的路上，「小辮子」又一次遭到了幾個小對手的襲擊。此時「小辮子」不像以前那樣拔腿就跑，而是站

立不動，待第一個挑釁者到達他跟前時，他鼓足勇氣，往前就是一揮，用力將對手推翻在地、讓對手摔倒，其餘六個見勢不妙，便一個個溜走了。從此，再沒有人敢取樂、欺負她了。「小辮子」由被動變為主動，是他的心理狀態由消極轉向積極的直接結果。

人有一個積極的心理狀態，遇到同事進步，會覺得自己又多一個學習的榜樣；遇到同事失誤，會產生同情、自責和幫助的心理；面對平凡的工作，也能產生極大的樂趣，覺得天地廣闊、大有作為，如此等等。這種人腳下的路往往是寬敞的，辦事的成功率是很高的，同時，這種人的人緣關係也是很好的，同其上司也最能保持一致。

2. 對工作盡心盡力

領導者工作上的高效率，是以部屬工作上的盡心盡力為基礎的，離開了這個基礎，任何天才都不可能成功。當然，看其部屬是否盡心盡力也是有尺度的。

經驗證明：凡是盡心盡力的部屬，工作上首先都會有一個切實可行的計畫和實施該計畫的具體方案；知道應該讓上司在什麼時候、在什麼問題上出面支持自己，而不是事無巨細地陷上司於各種事務之中；提交到上司面前的困難，不僅進行了中肯的分析，而且還有克服困難的可供選擇的實施方案；敢於在上司即將出現失誤的時候據理力爭，做事有股不達目的誓不甘休的狠勁；從不隨波逐流，更不做那些表面文章；當個人利益和集體利益發生衝突的時候，會無條件地去服從集體的利益……這種人是螺絲釘，插在哪裡就會在哪裡發揮作用；是成

功不可缺少的一支重要力量。

3. 具有適度的自尊心

自尊心人皆有之，但在不同的個人身上所表現出來的「層度」則各不相同。過弱則表現為自卑，老是覺得不如別人，這也辦不到，那也不可能，消極悲觀，事無所成；過強則表現為高傲，總覺得高人一等，缺乏自知之明。這種人的虛榮心、權力慾極強，固執己見、爭強好勝是其重要特點。實際上，他們是大事辦不來，小事不願做，人際關係也不能得到很好的處理，到一處亂一處，是不受歡迎的人。

自尊心過弱，但裡邊內含著謙虛，只是謙虛過了頭，達到了自卑。同樣，過強的自尊心也內含著自信，只是自信過了頭，達到了高傲。適度的自尊心，表現出了謙虛和自信的有機結合。有才的部屬，加上適度的自尊心，他們做起事來必定是左右逢源、如虎添翼，成功是把握之中的事。

4. 不「來陰的」

「來陰的」之所以冠以「陰」字，就在於它明暗不一、表裡不一、現象和本質不一。一般來說，搞陰謀的人對自己所要表現出來的行為都是考慮再三的，並且是經過偽裝的。儘管搞陰謀的人狡猾，但也不是不可將其識別的。就因為他們有幾個「不一」，況且他們的活動還是在一定的人群中進行的，這就給人們提供了識別他們的條件。搞陰謀的人之所以要去搞陰謀，是因為他們對他們個人或小團體利益有著較強的追求慾望。可以說，自由主義、個人主義的發展與膨脹是陰謀活動的根源。太過於喜歡自由主義、個人主義，一旦目的達不到，就

有可能「來陰的」。開始可能是搞些小陰謀、偶爾耍手段，繼而是大陰謀、經常扯後腿。陰謀敗露，就可能會跳將出來，公開批評。所以，他們是埋在團體中或領導者身邊的定時炸彈，一旦發作，就要造成很大的危害。身處領導者，對此應保持高度的警惕，決不能重用那些搞陰謀的人。

5. 有一個寬廣的胸懷

　　一般來說，凡是心胸寬廣的人，與家人相處，則家人和睦，老少歡樂；與同事相處，則能將心比心，友好如兄弟；與下屬相處，則愛人之心厚之，上下一致；與上司相處，則善於理解上司苦衷，能夠忍辱負重。一句話，人際關係可以保持最佳狀態。這種人不會被「好話」所迷，也不會被「壞話」所怒，能夠保持一個清醒的頭腦。這種人自身新陳代謝的節拍能與大自然的運行規律相吻合，很少會被疾病困擾，可以保持一個健康的體魄。可以這樣說，寬廣的胸懷是萬福之源。

　　辨別一個人的胸懷是否寬廣，內容也很廣泛，主要是看他是否具有嫉妒心，是否斤斤計較個人得失，是否經常地誤會別人。一個人如果和別人相處時，很能理解他人，常能為他人著想，也能抱著吃虧的態度，那就可斷定這個人的胸懷是寬廣的。

CHAPTER 4 放手讓團隊成長

身為領導者不能像業務員般親力親為，而要明確職責，為下屬的成長創造機會。

為組織建立有效的指揮機制

進行任何一項工作，都應當有必要的組織形式。領導者必須注意這一點。

傳說古時賢人可以同時聽取 7 位老百姓的訴言，而被稱為天才。由此我們可以了解，一個人的指揮能力是有限度的。通常活動的組織，以 4 ～ 6 人最為適當，人少了而事情多時會疲於奔命，多了就往往人浮於事。就好像放在桌子上的電話機一樣，如果放 3 個的話也許就剛剛好，但如果放 6 個以上就讓人無法應對。

一般而言，在一個人數比較多的單位，就需要劃分若干部門。例如一個 200 人的公司，可以分成 5 個部，每部 40 人，每部又分成 4 個科，每科 10 人，科下面還可設組，每組 4 人左右。給予部長、科長、組長適當的許可權，使他們負起相應的責任。那麼，作為公司的老總們指揮這 200 人就相等於指揮 3 ～ 4 人一樣輕鬆了。

　　部隊裡常用的編組法是三三制，即一個軍分為 3 個師，一個師分為 3 個團，一個團分為 3 個營，一個營分為 3 個連，一個連分為 3 個排，一個排分為 3 個班等。這種編法具有相當的科學性，最容易指揮。

　　古時候，很多軍隊都是 3 人一組，以 3 人對付敵方 1 人，若不足 3 人，則寧肯不戰，而如果多於 3 人，又往往將多餘的人另行編組，以使每個人的能力都得到最大限度的發揮。如此，一般都能以小的損失取得大的戰果。當然，在現代的單位裡，也不必拘泥於三三制。由於其活動不像軍隊那樣激烈，所以一個上司可以指揮較多的下屬。如果一位處長有 20 多位下屬的話，他可以將其分成 3 個科，自己指揮 3 個科長，這樣，就不必自己一個個地指揮 20 多人，但又能達到指揮大多數的目的。

　　指揮單位的大小與發佈號令、命令、訓令等有很大的關係。在使用擴音器播放廣播體操的時候，一個人可以指揮成千上萬的人，這是因為這成千上萬人的動作是一樣的；而對於每個人的工作內容不同的情況，則一個人往往只能指揮頂多 3 個人，還可能指揮不好。

　　必須指出的是，在進行工作編組的時候，一定要注意，每個人只能接受一個人的號令，如果出現一個人同時需接受兩個上司的不同的命令的話，那這種編組的方法就是不當的，很可能給工作的開展造成損害。

　　此外，團隊中可以採用梯級式管理。就好比很多人喜歡登山。登山需要有強健的體魄，真正的登山活動一般都在夜裡出發，不眠不休地到達山腰，然後在拂曉之前一鼓作氣登上山頂，

從而體會那種征服的感覺。那麼,將登山的方式引入到公司的工作中,會怎樣呢?

其實團隊中的每一個成員都像是登山者,他們做自己份內的事,他們喜歡主宰自己掌握的一切,因為這種征服的成就感實在是太好了。

團隊成員能按自己意願規劃實施一事,無疑證明了自己的價值,是相當具有吸引力的。同時,能有機會發揮顯示自己的實力,無疑也是為今後提升積累資本,而從中獲得的充實感和成就感也是其魅力所在。

以現有的事業為基礎,向更廣闊的前景發展是所有團隊成員的願望,在探索、開拓過程中,每前進一步都意味著成績的取得,因而情緒會一直處於興奮狀態。因此,從某種理想化的意義上來講,你的團隊成員更像是一個個具有旺盛鬥志的登山者。那麼領導者就應當正確地引導他們的攀登方式及攀登方向。

領導者在向團隊成員分配任務時,只需從大面上把握,告訴他們你的期望與需求,僅此而已,具體的內容不必過於苛求。為下屬設定了大的框架,具體實施就放手讓下屬去做,下屬肯定會樂此不疲。別忘了,下屬最大的願望就是自己規劃,發揮全力,開拓空間,走出自己的一片天空。

作為領導者,此時更像是一個戰略戰術的設計者,讓團隊的發展,按著你事先設計好的戰略路線與方向,一步一個台階的向前發展。

正確溝通傳達有效訊息

大凡生活中善於觀察的人都知道，貓和狗是仇家，見面必爭。其實，阿狗阿貓們之所以為敵，是因為語言溝通上出了點問題。比較明顯的是：搖尾擺臀是狗族向夥伴示好的表示，而這一套「身體語言」在貓兒們那裡卻是挑釁的意思；反之，貓兒們在情緒放鬆表示友好時，喉嚨裡就會發出「呼嚕呼嚕」的聲音，而這種聲音在狗聽來就是想打架。結果，阿狗阿貓本來都是好意，但卻適得其反。但若是從小生活在一起的貓狗就不會發生這樣的對立，原因是彼此熟悉對方的行為語言涵義。所以熟悉對方語言，對進行有效溝通十分重要。

一個公司經理向一個員工表示不滿：「在半年前，我就宣布我們公司要進入鞋類產品市場。你難道不明白，預測零售商對我們新產品的接受程度有多重要？你不下功夫，我們怎麼能完成這一工作？」

員工回答道：「我們確實沒有在新的鞋產品上下功夫，因為它並不是我們公司的主要產品。我們把精力集中在內衣和睡衣產品上，確實不知道公司準備大規模進軍鞋類市場。其實，經理你可能早就知道鞋類產品是一條重要產品線的組成部分，可這事從來沒有人對我們提起過。要是知道公司將全力進軍製鞋業，我們自然會採取完全不同的方式。你不能說上一句『下點功夫』就希望我能明白你的意思。你應該把公司的整體規劃告訴大家。」

可見，如果公司員工不了解公司的實際情況，將會給公司帶來多麼大的影響。而有了這些資訊，員工們就會做出決策，他

們也會更加謹慎，以使公司內部摩擦降到最低程度。要是他對工作的相關資訊一無所知，會認為主管只不過是在「紙上談兵」而已。

在向員工傳達資訊時，要保證它的完整性。一般來說，應該向員工提供盡可能多的資訊。經理應該向員工們提供與他們有關的各個經營領域的全面的資訊，這對公司是最有好處的。特別是在員工自主權力不斷發展的今天，如果經理們希望自己的員工能夠獨立地做出決策，那麼讓他們得到盡可能多的資訊就顯得非常關鍵了。

在一個崇尚自由的部門，資訊通過各種管道自由流通，不管是董事、經理，還是工作人員，所有人都對部門內所發生的事情瞭若指掌，其中包括財務狀況。這樣做的結果是，所有人都會做出真誠的反應，得到真誠的回報，並敢於對公司的事務說出自己的真實看法。敞開大門的做法並非偶然之舉，管理者必須是一位真誠、平易近人者，其信念和舉止能給人一種信任感，一種承諾，而這種信任感與承諾是建立於公開氛圍的基礎之上的。

玫琳凱‧艾施女士在面對手下員工的時候，她總是設身處地地站在員工角度考慮問題，總是先如此自問：「如果我是對方，我希望得到什麼樣的態度和待遇。」經過這樣考慮的行事結果，往往再棘手的問題都能很快地迎刃而解。

正如《聖經》所言：「你願意他人如何待你，你就應該如何待人。」事實證明，這條不論過去、現在或將來都適用的人生準則，對於必須與員工相處的企業管理者來說，不僅是一條再完善不過的管理行為準則，也是管理上最適用的一把溝通「鑰匙」。

說簡單一點，就是換位思考、對等溝通。

從細節入手，打造團隊精神

增強團隊精神是每位領導必須做到的，只有強大的團隊才能在市場的浪潮中立於不敗之地，才能做大公司。沒有強大的團隊，領導者的工作魅力怎能得到下屬的認可呢？

一個真正的團體就是一群志同道合的夥伴。Nokia 為了跟上產業快節奏的變化，採取「投資於人」的發展戰略，讓公司與個人同時得到成長。一個領導者就是一個教練，不是「叫」他們做事，而是「教」他們做事。領導者建立團隊時，必須建立合理的團隊架構，讓每個人都能充分的發揮。我們可以發現，每位成功的管理人，幾乎都擁有一支完美的管理團隊。

「單打獨鬥的時代已經過去了，這個世界已經變得過於複雜，只有大家的通力合作才能完成工作。」

成功的領導人所率領的團隊，無論是他的成員、組織氣氛、工作默契和所發揮的生產力，和一般性的團隊比起來，總是有相當多的不同之處，他們常表現出以下主要特徵：

1. 目標明確

成功的管理人往往主張以成果為導向的團隊合作，目標在於獲得非凡的成就；他們對於自己和群體的目標，永遠十分清楚，並且深知在描繪目標和遠景的過程中，讓每位夥伴共同參與的重要性。因此，成功的管理人會向他的追隨者指出明確的方向，他經常和他的成員一起確立團隊的目標，並竭盡所能設法使每個人都清楚了解、認同，進而獲得他們的承諾、堅持和

獻身於共同目標之上。

因為，當團隊的目標和遠景並非由管理人一個人決定，而是由組織內的成員共同合作產生時，就可以使所有的成員有「所有權」的感覺，大家打從心裡認定：這是「我們的」目標和遠景。

2. 各負其責

成功團隊的每一位夥伴都清晰地了解個人所扮演的角色是什麼，並知道個人的行動對目標的達成會產生什麼樣的貢獻。他們不會刻意逃避責任，不會推諉分內之事，知道在團體中該做些什麼。

大家在分工共事之際，非常容易建立起彼此的期待和依賴。大夥兒覺得唇齒相依，生死與共，團隊的成敗榮辱，「我」佔著非常重要的分量。同時，彼此間也都知道別人對他的要求，並且避免發生角色衝突或重疊的現象。

3. 強烈參與

現在有數不清的組織風行「參與式管理」。管理人真的希望做事有成效，就會傾向參與式領導，他們相信這種做法能夠確實滿足「有參與就受到尊重」的人性心理。

成功團隊的成員身上總是散發出擋不住的參與的狂熱，他們相當積極、相當主動，一逮到機會就參與。透過參與成員永遠會支持他們參與的事物，這時候團隊所匯總出來的力量絕對是無法想像的。

4. 相互傾聽

正是如此！在好的團隊裡頭，某位成員講話時，其他成員

都會真誠地傾聽他說的每一句話。

有位負責人說:「我努力塑造成員們相互尊重、傾聽其他夥伴表達意見的文化,在我的單位裡,我擁有一群心胸開放的夥伴,他們都真心願意知道其他夥伴的想法。他們展現出其他單位無法相提並論的傾聽風度和技巧,真是令人興奮不已!」

5. 死心塌地

真心地相互依賴、支持是團隊合作的溫床。李克特（Likert）曾花了好幾年的時間深入研究參與組織這一課題,他發現參與式組織的一項特質:管理階層信任員工,員工也相信管理者,信心和信任在組織上下到處可見。幾乎所有的獲勝團隊,都全力研究如何培養上下平行間的信任感,並使組織保持旺盛的士氣。它們常常表現出 4 種獨特的行為特質:

(1)管理人常向他的夥伴灌輸強烈的使命感及共有的價值觀,並且不斷強化同舟共濟,相互扶持的觀念。

(2)鼓勵遵守承諾,信用第一。

(3)依賴夥伴,並把對夥伴的培養與激勵視為最優先的事。

(4)鼓勵包容,因為獲勝要靠大家協調、互補、合作。

6. 暢所欲言

好的管理人,經常率先信賴自己的夥伴,並支持他們全力以赴,當然他還必須以身作則,在言行之間表現出依賴感,這樣才能引發成員間相互信賴、真誠相待。

成功團隊的管理人會提供給所有成員雙向溝通的舞台。每個人都可以自由自在、公開、誠實地表達自己的觀點,不論這個觀點看起來多麼離譜。因為,他們知道許多有價值的觀點,

在第一次被提出時幾乎都被冷嘲熱諷。當然，每個人也可以無拘無束地表達個人的感受，不管是喜怒還是哀樂。

一個高成效的團隊，成員都能了解並感謝彼此都能夠「做真正的自己」。總之，群策群力，有賴大夥兒保持一種真誠的雙向溝通，這樣才能使組織表現日臻完美。

7. 團結互助

在好團隊中，經常可以看到下屬們可以自由自在地與上司討論工作上的問題，並請求：「我目前有這種困難，你能幫我嗎？」

再者，大家意見不一致，甚至立場對峙時，都願意採取開放的心胸，心平氣和地謀求解決方案，縱然結果不能令人滿意，大家還是能自我調適，滿足組織的需求。當然，每位成員都會視需要自願調整角色，執行不同的任務。

8. 互相認同

「我覺得受到了別人的讚賞和支持」，這是高成效團隊的主要特徵之一。團隊裡的成員對於參與團隊的活動感到興奮不已，因為，每個人會在各種場合裡不斷聽到這話：

「我認為你一定可以做到！」

「我要謝謝你！你做得很好！」

「你是我們的靈魂！不能沒有你！」

「你是最好的！你是最棒的！」

這些讚美、認同的話提供了大家所需要的強心劑，提高了大家的自尊、自信，並驅使大家攜手同心。

上面列舉的 8 種特徵，在你所帶領的團隊裡有沒有明顯的跡象呢？請自己找個清靜的場所，給自己 10 分鐘的時間好好省思一番。這會有助於你建立一支有效率的管理團隊，也就是俗話說的「死黨」。

許多公司的管理人大聲疾呼：「我們愈來愈迫切需要更多、更有效的團隊，來提高我們的士氣和生產力。」身為組織管理人的你，可得把建立陣容堅強的團隊這件事列為第一優先處理的要務，千萬不要再忽視和拖延下去了。

創造一支有效團隊，對管理人可說是有百益而無一害的，如果你努力做到的話，你將可以獲得以下莫大無比的好處：

1. 「人多好辦事」，團隊整體動力可以達成個人無法獨立完成的大事。
2. 可以使每位夥伴的技能發揮到極限。
3. 成員有參與感，會自發的努力去做。
4. 促使團隊成員的行為達到團隊所要求的標準。
5. 提供給追隨者足夠的發展、學習和嘗試的空間。
6. 刺激個人更有創意，更好的表現。
7. 三個臭皮匠勝過一個諸葛亮，能有效解決重大問題。
8. 讓衝突所帶來的損害減至最低。
9. 設定明確、可行、有共識的個人和團體目標。
10. 管理人與繼承人縱使個性不同，也能互相合作和支持。
11. 團隊成員遇到困難、挫折時，會互相支持、協助。

請務必牢記在心：一支令人欽羨的團隊，往往也是一支常勝軍。他們不斷打勝仗，不斷破紀錄，不斷改造歷史，創造未來。

而作為偉大團隊的一分子，每個人都會驕傲地告訴周圍的人說：

「我喜歡這個團隊！我覺得自己活得意義非凡，我永遠不會忘記那些大夥兒心心相印，共創未來的經歷。」

藉由在團隊裡學習、成長，每位夥伴都會不知不覺重塑自我，重新認知每個人跟群體的關係，在工作上和生活上得到真正的歡愉和滿足，活出生命的意義。

一個真正的團隊能讓你如虎添翼、臨危不懼、所向披靡！

具體的願景帶來實際的信心

領導者在規劃遠景的同時，有必要讓人看到達到遠景的過程。團體中的領導者，必須能確實掌握大家的期待，並且把期待變成一個具體的目標。

大多數的人並不清楚自己的期待是什麼。在這種情況之下，能夠清楚地把大家的期待具體地表現出來，就是對團體最具有影響力的人。

在企業的組織之中，只是把同伴所追求的事予以具體化並不夠，還必須充分了解組織的立場，確實地掌握客觀情勢的需求並予以具體化。綜合以上兩項具體意識，清楚地表示組織必須達到的目標，這樣才能在團體之中取得領導權。

在進攻義大利之前，拿破崙還不忘鼓舞全軍的士氣：「我將帶領大家到世界上最肥美的平原去，那裡有名譽、光榮、富貴在等著大家。」拿破崙很正確地抓住士兵們的期待，並將之具體地展現在他們的面前，以美麗的夢想來鼓舞他們。

如果是以強權或權威來壓制一個人，這個人做起事來就失去

了真正的動機。抓住人的期待並予以具體化，為了要實現這個具體化的期待而努力，這就是賦予動機。

　　具體化期待能夠賦予動機的理由，就在於它是能夠實現的目標。例如，蓋房子的時候，如果沒有建築師的具體規劃就無法完成。建築師把自己的想法具體地表現在藍圖上，再依照藍圖完成建築。

　　同樣的道理，組織行動時也必須要有行動的藍圖，也就是精密的具體理想或目標。如果這個具體的理想或目標規劃得生動鮮明而詳細，部下就會毫無疑惑地追隨。如果領導者不能為部下規劃出具體的理想或目標，部下就會因迷惑而自亂陣腳，喪失鬥志。

　　「大家都知道（公司）計劃是什麼，公司很少有內訌。」蘋果前雇員，也是 iMOVIE 程式的開發者格林‧里德說。蘋果的產品設想大都源自於賈伯斯，他是實際策劃人和執行者，也由於這種強大的領導風格以及清晰的願景計畫，保證了明確的開發方向。

　　或許你會認為理想愈遠大就愈不容易實現，也愈不容易吸引大家付諸行動，其實不然。理想、目標愈微不足道，就愈不能吸引眾人的高昂鬥志。在這一方面，領導者如何帶領下屬就很重要。沒有魅力的領導者，因為惟恐不能實現，所以不能展示出令部下心動的遠景。下屬跟著這樣的領導者，必然不會抱有理想，工作場所也像片沙漠，大家都沒有高昂的鬥志，就算是微不足道的理想也無法實現。

　　當然，即使是偉大的遠景，如果沒有清楚地規劃出實現過程，亦無法使大家產生信心。因此，規劃遠景的同時，還必須規

劃出達成遠景的過程。

規劃為達成目標必經的過程，指的就是從現在起到達成目標所採取的方法、手段及必經之路。目標的達成是最後的結果，由於要達到最後的結果並不容易，所以要設定為達成最後結果的前置目標（以此為第二目標）。要達成第二目標也並不容易，所以要設定達成第二目標的前置目標（第三目標）。要達成第三目標也並不容易……就這樣一步一步地設定次要目標，連接到現在。

為達成最後的結果，必須從最近的目標開始，一步一步地向高一階的目標邁進，次第完成每個目標。達成目標的過程或手段，規劃得愈仔細愈好。像這樣把眼前的現狀達成，於是每一步過程都會成為一幅幅的可展望的圖景，當然，若能一步步地實現，達成最後目標的效果就愈顯著。

有規矩，才能成方圓

「沒有規矩，不成方圓」，這句古語很好地說明了秩序的重要性。我們都知道，缺乏明確的規章、制度、流程，工作中就非常容易產生混亂，如果有令不行、有章不循，按個人意願行事造成的無序浪費，更是非常糟糕的事。下面是企業中經常碰到的幾種無序、混亂的情況：

1. 職責不清造成的無序

在很多企業中，經常會遇到由於制度、管理安排不合理等方面的原因，造成某項工作好像兩個部門都管，其實誰都沒有真正負責。兩個部門對工作卻是糾纏不休，使原來的有序反而變成無序，造成極大浪費。

2. 業務能力低下造成的無序

素質低下、能力不能滿足工作需要，也會造成工作上的無序。一種情況是應該承擔某項工作的部門和人員，因能力不夠而導致工作混亂無序；另一種情況是當出現部門和人員變更時，工作交接不力，協作不到位，原來形成的工作流程經常被推翻，人為地增加了從「無序」恢復到「有序」的時間。

3. 業務流程的無序

由於大多數企業採用較多的是直線式的縱向部門設置，會對橫向的業務流程造成嚴重切割。各部門大多考慮一項工作在本部門能否得到認真貫徹，而很少考慮如何協助相關部門順利實施。所以，業務執行時通常只考慮以自己部門為中心，而較少以部門支援為中心，進而導致流程的混亂，工作無法順利完成，需要反覆協調，加大管理成本。

4. 協調不力造成的無序

某些工作應由哪個部門負責沒有明確界定，處於部門間的斷層，相互間的工作缺乏協作精神和交流意識，彼此都在觀望，認為應該由對方部門負責，結果工作沒人管，原來的小問題也被拖成了大問題。對於協調不力，又可分成下面幾種情況：

(1)上級的指示貫徹協調不力

對上級的工作指示及相關會議佈置的工作沒有傳達，即使傳達了也沒有進行有效的協調來組織落實，形成口號接力，工作在本部門出現停滯，沒有得到有效的貫徹，形成工作盲點。

(2)資訊傳遞的協調不力

資訊流轉到某個部門出現了停滯，使應該得到這些資訊的相關部門掌握不到，難以有效地開展工作。資訊沒有分類匯總，停滯在分散之中；資訊沒有得到充分分析、核對和利用，依舊停滯在原始狀態中；資訊不準確，造成生產盲目、物資供應混亂、計畫的頻繁調整、沒有效益的加班及庫存的增加。更有甚者，把資訊視為本部門或個人私有，有意不再傳遞，則影響更大。

(3)業務流程的協調不力

絕大多數的管理活動不是一個部門所能獨立完成的，需要兩個以上部門相互配合，以橫向的業務流程來完成。但是由於縱向的部門設置中，對業務的流程會形成一些中斷點，如果不能及時做好協調，業務流程就不能順利運行，會造成後續流程停滯，形成損失。即使想方設法繞過去，也會造成效率降低，還可能達不到預期的效果。

協調不力是管理工作最大的浪費之一，它使整個組織不能形成凝聚力，缺乏團體意識、協調精神，導致工作效率的低下。

5. 有章不循造成的無序

隨心所欲，把公司的規章制度當成他人的守則，沒有自律，不以身作則，不按制度進行管理考核，造成無章無序的管理，影響了其他員工的積極性和創造性，影響了部門的整體工作效率和品質。

這 5 種情況的無序出現的頻率多了，就會造成企業的管理混亂。一個有效的管理者應該分析造成無序的原因，努力抓住

主要矛盾，思考在這種無序狀態中，如何通過有效的方法，使無序變為相對有序，從而整合資源，發揮出最大的效率。

亂授職權害處大

如何合理地授權，對企業的發展起著關鍵重要的作用，如果沒有處理好，而是亂授職權，那將造成惡劣的影響和難以彌補的損失。

有位老闆自認為是個很開明的人。每次他向部下交任務時總是說：「這項工作就全拜託你了，一切都由你做主，不必向我請示，只要在月底前告訴我一聲就可以了。」

乍看起來，這位老闆非常信任他的部下，並給了部下很大的自主權，真心希望他們無拘無束地完成自己的任務，按照他們自己的意思去做。但實際上，他的這種授權法會讓部屬們感到：無論怎麼處理，老闆都無所謂，可見對這項工作並不重視。就算最後做好了，也沒有什麼意思。老闆把這樣的任務交給我，自然是看不起我。

從這個例子中我們得到的教訓是：不負責任地下放職權，不僅不會激發部屬的積極性和創造性，反而是大相逕庭，造成了反效果。

相反，如果老闆事無巨細，都要參與領導，管得過多過細也會使部下無所適從。

老闆把當月的生產計畫交給了生產部 J 經理，講明由他全權負責生產計畫的實施。人員的調配、原料的供給以及機器的使用全部由 J 經理來指揮。J 經理受領任務後，很快根據生產計畫、

掌握的人員、機器情況做適當的安排，工作一切很順利。

一周過去了，老闆來檢查工作，發現本周的產量已達到計畫產量的 30％，於是便把 J 經理叫來，責怪說：「你是怎麼搞的？把一周的產量定得這麼高，工人過度勞累怎麼辦，機器磨損過度又怎麼辦？」在第二個週末的工作彙報會上，老闆發現本周產量較上周下降 20％，又埋怨說：「J 經理，你是怎麼搞的，本周的產量怎麼下降了這麼多？你要加強管理，否則計畫要完成不了了。」

這樣一來，J 經理左右不是。本來他滿心歡喜，以為老闆讓他全權負責生產計畫的實施，他非常有把握。可自從受了兩次批評後，他不禁懷疑老闆是不是真的讓他負責，他感到自己徒有虛名，根本做不了主。還是穩妥點好，於是從第三周起，他不再自己負責，而是請示老闆應該如何安排生產。

其實，J 經理的老闆並不是有意插手部屬的工作，而只不過是想督促一下部屬，使之更好地完成生產計畫，但由於他的方法欠妥，給部下造成一種錯覺，認為他想親自出馬，從而導致部下失去了工作的積極性，結果工作沒有取得進展，反而退步了。

可見，高明的授權法是既要下放一定的權力給部下，又不能給他們以不受重視的感覺；既要檢查督促部屬的工作，又不能使部屬感到無名無權。若想成為一名優秀的老闆，就必須深諳此道。

權力要交給這樣的人

1. 忠實執行上司命令的人

一般說來，上司下達的命令，無論如何也得全力以赴，忠實執行。這是下屬幹部必須嚴守的第一大原則。如果下屬的意見與上司的意見有出入，當然可以先陳述他的意見。但是，陳述之後，上司仍然不接受，他就要服從上司的意見。

有些下屬在自己的意見不被採納時，抱著自暴自棄的態度去做事，這樣的人就沒有資格成為上司的輔佐人。

2. 做上司的代辦人

小主管必須是上司的代辦人。縱然上司的見解與自己的見解不同，上司一旦有新決定，小主管就要把這個決定當作自己的決定，向部下或是外界人做詳盡的解釋。

3. 知道自己許可權的人

小主管必須認清什麼事在自己的許可權之內，什麼事自己無權決定。這種界限，絕不能混淆。如果發生了某種問題，而且又是自己許可權之外的事，就不能拖拖拉拉，應該即刻向上司請示。

還有，越過頂頭上司與上級領導交涉、協調，等於把上司架空，也破壞了命令系統，應該列為禁忌。非得越級與上級聯絡、協調的時候，原則上，也要先跟頂頭上司打個招呼，獲得他的認可。

4. 向上司報告自己解決的問題的人

小主管自己處理好的問題，如果不向上司報告，往往使上

司不了解實情，做出錯誤的判斷，或是在會議上出洋相。

當然，不少事情無須一一向上司報告。但是，原則上可稱之為「問題」、「事件」的事情，還是要向上司提出報告。報告的時機因其重要的程度不同而不同。很重要的事，必須即刻提出報告。至於次要的，或屬日常性事務，可以在一天的工作告終之時，提出扼要的報告。

5. 勇於承擔責任的人

有些小主管在自己負責的工作中發生過失或延誤的時候，總是舉出一堆的理由。這種將責任推卸得一乾二淨的人，實在不能信任。

小主管負責的工作，可說是由上司賦予全責，不管原因何在，小主管必須為過失負起全責。他頂多只能對上司說一聲：「是我領導不力，督促不夠。」如果上司問起過失的原因，必須據實說明，但千萬不能有任何辯解的意味。

有些小主管在上司指出缺點的時候，總是把責任推到下屬身上，說：「那是某某做的好事。」如此歸咎於下屬，都是不該有的現象。把責任推給部屬，並不能免除他的責任。一個小主管必須有「功歸下屬，失敗由我負全責」的胸懷與度量才行。

6. 不是事事請示的人

遇到稍有例外的事、下屬稍有錯失……或者旁人看來極瑣碎的事，也都一一搬到上司面前去指示，這樣的小主管，令人不禁要發問：他這個小主管是怎麼當的？

小主管對上司不該有依賴心。事事請求不但增加了上司的

負擔，小主管本身也很難「成長」。小主管擁有執行工作所需的許可權。他必須在不逾越許可權的情況下，憑自己的判斷，把份內的事處理得乾淨俐落。這才是上司期待的好主管。

7. 經常請求上級指示的人

小主管不可以坐等上司的命令。他必須自覺做到：請上司向自己發出命令；請上司對自己的工作提出指示。如此積極求教，才算是聰明能幹的幹部。

8. 提供情報給上司的人

小主管與外界人士、下屬等接觸的過程中，經常會得到各種各樣的情報。這些情報，有些是對公司有益或是值得參考的。幹部必須把這些情報謹記在心，事後把它提供給上司。

自私之心不可有。向上司做某種說明或報告的時候，有些小主管都習慣於把它說得有利。如此一來，極易讓上司出現判斷偏差。尤其是可能影響到其他部門，或是必須由上司做出某種決定的事，小主管在說明與報告時必須遵守如下的原則：不可偏於一方；從大局出發，扼要陳述。

9. 上司不在時能負起留守之責的人

有些小主管在上司不在的時候，總是精神鬆懈，忘了應盡的責任。例如，下班鈴一響就趕著回家；或是辦公時間內藉故外出，長時間不回。

按理，上司不在，小主管就該負起留守的責任。當上司回來，就向他報告他不在時發生的事，以及處理的經過。如果有代上司行使職權的事，就應該將它記錄下來，事後提出詳盡的報告。

10. 準備隨時回答上司提問的人

當上司問及工作的方式、進行狀況，或是今後的預測，或有關的數字，他必須當場回答。

好多小主管被問到這些問題的時候，還得向部下探問才能回答，這樣的小主管，不但無法管理下屬與工作，也難以成為領導的輔佐人。小主管必須隨時掌握職責範圍內的全盤工作，在上司提到有關問題的時候，都能立刻回答才行。

11. 致力於消除上司誤解的人

上司並非聖賢，當然也會犯錯誤或是發生誤解。事關工作方針，或是工作方法，上司有時也會判斷錯誤。

上司的誤解，往往波及部下晉升、加薪等問題。碰到這個情況的時期，小主管千萬不能一句「沒辦法」就放棄了事。他必須竭力消除上司的這種誤解。

12. 代表他負責的單位

對部屬而言，小主管是單位的代表人。對上司而言，小主管是下屬的代表人。小主管是夾在上司與下屬之間的角色。從這個立場而言，幹部必須做到的是：

(1)把上司的方針與命令徹底灌輸給部屬，盡其全力，實現上級的方針與命令。

(2)隨時關心下屬的願望，洞悉部屬的不滿，以下屬利益代表人的身份，將他們的願望和不滿正確反映給上司，為實現下屬的合理利益而努力。

(3)夾在上司與下屬之間，往往使小主管覺得左右為難。但是，他務必冷靜判斷雙方的立場，設法取得調和。

13. 向上司提出問題的人

　　高層由於事務繁忙，平時很難直接掌握各種細節上的問題。能夠確實掌握問題的人，一般非中下級幹部莫屬。因此，小主管必須向上司提出所轄部門目前的問題，以及將來必然面臨的問題，同時一併提出對策，供上司參考。

委任不等於放任

　　公司不是軍隊，單靠一個口令和一個動作是不行的。因此下命令前，要先傾聽員工意見。經營者按照自己的意思，命令別人照自己的想法去做，而別人也能順從命令，確實能做好每一件事，這是事業成功的一個重要原則。然而，如果員工只知道服從命令，按口令和動作去做的話，將會得不償失，因為在這種僵硬的情況之下，進步與發展都無從產生。

　　如果員工在沒有接到命令時，也能夠將心比心地洞察上級的意思，準確地處理自己所應做的工作，那麼在這種情況下，企業自然會有無限的發展。

　　若經營者想讓員工依據指示，並自動自發地做好一件事，必須在下達命令之前，先傾聽員工的意見。不僅要聽，並且要問。如果發現還不能充分了解自己的意思，便要加以說明，闡明問題癥結所在。等待對方領會之後，才毅然下令執行。接受命令的人，如果在事先能對命令的內容有所了解，就等於是心理上已有準備。這與被動服從命令的情況，完全不同。

　　認清自己的指導立場及重大責任，屬下才不會馬虎鬆散。站在領導地位的領導者，對於培養人才的重要性，應有一定的認識

和了解，但是實際上能夠完全做到的並不多。

最重要的是，領導者對於本身指導的立場，應有正確的認識，並且覺得責任重大；如果缺乏這些因素，領導者就只是旁觀者而已。如果身為公司領導人，沒有負起領導責任的自覺，那麼管理上就不會順利。一個公司的主管，應有非常強烈的責任感，向大家說明：「雖然大家這樣做或那樣做都可以，但我認為這樣做最好。」這是非常重要的。

如果真能做到這樣，大家也就會了解領導者的想法以及自己應該做些什麼。那麼大家的智慧和力量也才能發揮出來，同時，全體員工也會以蓬勃的朝氣去圓滿完成工作目標。這種說明，是邁向成功的第一步，如果沒有這樣的第一步，什麼事都無法進行，大家馬馬虎虎地過日子。這些問題，對於每一個經營者，或是領導者，都應該好好地檢討。

領導者必須對任何事的成敗負責。所以，他既要充分授權，又要隨時聽取報告，給予適當指導。然而，要使部屬自覺自發，就要放手去信賴他，但該說的還是要說。

人有想工作、想幫人忙的天性。有人對你說，「休息吧，不要工作了。」雖然當時會覺得輕鬆高興，但是隨著時間的流逝，大部分人會覺得百無聊賴起來。要部下發憤圖強地工作的秘訣，是不要去擾亂部下的工作。他們本來就想好好做的，經過你不必要的一再強調，他們的心會涼下來，覺得興趣索然。他們的反應反而是「今天休假一天算了。」

不去打擾拚命工作的部下，這並不是說，不注意他們所忽略的地方。做一個負責人，該說的話應該要說，但特別留心說的方

式，既要充分授權，又要隨時聽取報告，給予適當指導。

此外，俗語說：「有興趣後才能做得精巧。」應該把工作交給有興趣的人去辦。這樣做，效果往往會比較好。

當然，如果這個人企圖利用職權謀利，那麼，即使他再三表示願意承辦，也不能答應他。而一旦委任後，若發現他的缺點，經營者應該立即矯正；在矯正不過來時，則應該及時更換承辦人。

換句話來說，雖然可以委任，卻不能放任。領導者應該明確任何事的最後責任，隨時關心交代的事情做得怎樣了。雖然委任了，卻不斷地掛念，因此，要求對方適時提出報告；若發現問題，則給予適當的意見或指示。這是經營者應有的態度。

當然，一旦委任了，就不應該過分干涉，要寬容到某種程度，這樣才能培養人才。不過，如果發現與要求不符時，則應該明確地提醒。否則，等於遺棄了自己所慎重選擇的人才。就經營者來說，這是極為不負責的作風。

另一方面，如果被委任的是觀念正確的人，他對於該報告的事一定會詳細報告。不過，也有人會以為「既然交給我辦，那就得一切由我做主」而不提出報告，一意孤行，以致誤了大事。發生這種情形時，就表示根本找錯了人，必須由適當的人接替。

讓副手成為「權力大使」

副手在領導者的工作活動中有著重要的作用，因此領導者別一味把自己當成是龍頭老大，而應做適當的讓權，讓副手發揮好作用。怎樣發揮好副手的作用呢？

第一，應正確認識副手在領導活動中的地位和作用，充分地

尊重副手。副手是正職的助手，是協助正職考慮全盤工作而又要負責某一方面或幾個方面具體工作實施的領導者，起著不可缺少的作用。

第二，合理放權，明確分工。領導者要使副手有職、有權、有責、有威，使其感到自己手中的權力不是假的，不是虛的，位子不是多餘的，從而提高其內在的主動性和積極性。

第三，要經常和副手就工作問題進行交換、商量，多徵求意見。在研究決定某項工作時，儘量尊重分管該項工作的副手的意見，同時，也要先在感情上注意交流、溝通，關心副手的生活狀況。

第四，對副手拍板定案的問題，只要無大的原則性差錯，一般不要去指點或變更，即使需要修正，也要先與副手交換意見，然後由副手自己去宣布。

第五，要注意在下屬面前樹立副手的威信，支持肯定副手的工作。副手工作上發生失誤，要予以諒解和安慰，並挺身承擔責任，以促進副手成長。

第六，對能力較強，各方面均較突出，下屬反映好的副手，領導者一要不嫉妒、壓制和排擠；二要創造更寬鬆的環境，使其發揮才能；三要及時向上司推薦，任用到更合適的位置上施展才能。

具體地，領導者對副手發揮作用好壞的考察方法有：

1. 他是否了解你的個人目標或志向，以及怎樣為公司的總目標而努力？

2. 你離開辦公室三四個星期之久，你的公事和私事他都能

夠圓滿、迅速地得到處理？

3. 他是否能幫助安排約會時間，並如期踐約，用不著你催促和煩神？是不是一個很會安排自己時間的人？

4. 如果不提醒，他能否主動執行和堅持完成你交給的工作？

5. 對待你的同事、來訪者或顧客是否有禮貌，他是否肯幫助你，能尊重人，把別人放在心上？

6. 他是一個富有想像和創造力的人嗎？是否能提出些主意供你參考？

7. 他能否提高周轉的效率？

8. 他能否主動解決一些問題而不來麻煩你？

9. 作為一個助手，基本技能是否無可指責？

10. 在緊張狀態時或你發脾氣時，他是否沉著冷靜？仍像以前那樣繼續工作？

11. 他是否對你完全信賴和忠誠？你能把一切機密的公事和私事委託給他嗎？

12. 他的閱讀面和知識面是否廣泛？是否能注意到那些相關產業的資訊？

13. 他是否能為你收集到一些有價值的資訊，這些資訊是你自己很難獲得、不便獲得或不可獲得的嗎？

14. 他能否以書面或口頭方式清晰簡要地向你彙報情況？能否清楚而正確地傳達你的指示和說明你的意圖？

15. 他是否不計較時間地將每天的工作做完？必要時在夜裡和週末加班？

16. 必要時能否把他沒有做完的工作委託給別人去做，並督

促其完成？

17. 他能否替你處理每日的例行公事而不需你的干預？

18. 他能否為你記住一些重要日期，安排一些對你的上司、家庭和顧客的慶祝活動（如紀念日、生日、例假日）？

19. 他能為你做些基本調查研究工作嗎？如調查報告，搜集資料，甚至起草初稿等。

「執行力」的 4 道門檻

執行力缺乏，即便是再好的領導者或有再好的戰略，也是空談。對於領導者來說，「執行力」其實就是邁過下列 4 道門檻的能力，它們分別是：自我、決策、規章、細節。

第一道門檻：自我

在管理者的素質中，「堅定的職業目標」通常被列在首位。這是因為每一個新的目標，都是對經理人自我意志和人格的挑戰，倘若「自我」這道門檻邁不過去，後面所有的事情都無從談起。很多情況下，企業執行力的比拚，其實就是經理人決心和意志的比拼。作為一個優秀的管理者，認准了的事情，必須身先士卒、百折不撓。跨越這道門檻也最能夠顯示管理者的人格力量，由此產生的巨大的示範和凝聚作用，能夠有效地激勵和團結員工，共同實現企業目標。

第二道門檻：決策

當我們說領導者的「執行」為的是貫徹落實「決策」的時候，千萬不要忘記，「執行」與「決策」的區別是相對的。多數情況下，執行也是一種決策，反過來說，決策也必須考慮到執

行。由這個角度看,「執行力」也是一種「決策力」,有著良好執行力的經理人必須是務實的決策者,善於把「執行」和「決策」銜接起來,跨越決策的「可操作性」這道門檻。

第三道門檻:規章

企業的「執行力」最終表現為團隊力量,管理只是「執行」的組織者。不言而喻,要形成作為團體力量的強大執行力,規章是必不可少的。團隊力量需要組織和協調,員工行為需要激勵和約束,這些都離不開一套科學公正、切實可行的規章制度,合格的執行者必須有能力跨越這道門檻,建立並隨時審視企業的規章制度。歸根結底,企業管理的基礎應當建立在法制而非人治的基礎之上,後者有太多的隨意性和不確定性。而企業法治靠的就是規章。

第四道門檻:細節

在「執行力」要邁的四道門檻中,細節是最個性化、最不可複製的,應屬於「藝術」的範疇。曾任通用電氣執行長的傑克・威爾許(Jack Welch)被譽為「世界經理人的經理人」,但多數人對他的了解和尊重,並非是因為他在管理學基礎理論上做出了多麼大的建樹,而是他作為通用電氣總裁身體力行的一些管理細節:手寫「便條」並親自封好後給基層經理人甚至普通員工;能叫出 1 千多位通用電氣管理人員的名字;親自接見所有申請擔任通用電氣 500 個高級職位的人等等。

管理一半是科學,一半是藝術。成功的執行者必不可少的一個素質正在於,他們能夠針對具體環境巧妙設計出解決問題的細節,這些細節體現著一個人處理問題的原創性和想像力,因而也

是這個時代最缺少、最寶貴的東西。

領導者該有的綜合執行力

1. 領悟能力

做任何一件工作以前，一定要先弄清楚工作的意圖，然後以此為目標來把握做事的方向。這一點很重要，千萬不要一知半解就開始埋頭苦幹，到頭來力沒少出、工作沒少做，但結果是事倍功半，甚至前功盡棄。要清楚悟透一件事，勝過草率做十件事，並且會事半功倍。

2. 計畫能力

執行任何任務都要制定計劃，把各項任務按照輕重緩急列出計畫表，一一分配給部屬來承擔，自己看頭看尾即可。把眼光放在未來的發展上，不斷理清明天、後天、下周、下月，甚至明年的計畫。在計畫的實施及檢討時，要預先掌握關鍵性問題，不能因瑣碎的工作而影響了應該做的重要工作。要清楚，做好 20％的重要工作等於創造 80％的業績。

3. 指揮能力

為了使部屬根據共同的方向執行已制定的計畫，適當的指揮是有必要的。指揮部屬，首先要考慮工作分配，要檢測部屬與工作的對應關係，也要考慮指揮的方式，語氣不好或是目標不明確，都是不好的指揮。而好的指揮可以激發部屬的意願，而且能夠提升其責任感與使命感。要清楚指揮的最高藝術是部屬能夠自我指揮。

4. 協調能力

　　任何工作，如能照上述所說的要求，工作理應順利完成，但事實上，領導者的大部分時間都必須花在協調工作上。協調不僅包括內部的上下級、部門與部門之間的共識協調，也包括與外部客戶、合作單位、競爭對手之間的利益協調，任何一方協調不好都會影響計畫的執行。要清楚最好的協調關係就是實現雙贏。

5. 授權能力

　　任何人的能力都是有限的，身為領導者不能像業務員那樣事事親歷親為，而要明確自己的職責就是培養下屬共同成長，給自己機會，更要為下屬的成長創造機會。孤家寡人是成就不了事業的。部屬是自己的一面鏡子，也是延伸自己智力和能力的一分子，要賦予下屬責、權、利，下屬才會有做事的責任感和成就感，要清楚用一整個部門的人來琢磨事情，肯定勝過自己一個腦袋來琢磨事情，這樣下屬得到了激勵，你自己又可以放開手腳做重要的事，何樂而不為。切記成就下屬，就是成就自己。

6. 判斷能力

　　判斷對於一個領導者來說非常重要，企業經營錯綜複雜，常常需要領導者去了解事情的來龍去脈、因果關係，從而找到問題的真正癥結所在，並提出解決方案。這就要求洞察先機，未雨綢繆。

7. 創新能力

　　創新是衡量一個人、一個企業是否有核心競爭能力的重要

標誌，要提高執行力，除了要具備以上這些能力外，更重要的還要時時、事事都有強烈的創新意識，這就需要不斷地學習。這種學習與學校裡那種單純以掌握知識為主的學習是很不一樣的，它要求大家把工作的過程本身當作一個系統的學習過程，不斷地從工作中發現問題、研究問題、解決問題。

解決問題的過程，也就是向創新邁進的過程。因此，我們做任何一件事都可以認真想一想，有沒有創新的方法使執行的力度更大、速度更快、效果更好。

5 領導者的自我建設

領導者的任務不在於重新改造下屬，而在於使團隊的執
行力透過下屬的特長運用，產生乘數效應。

不要管太多

管理得法者往往如庖丁解牛，一切問題迎刃而解；管理不得
法者，凡事就得事必躬親，分身乏術，每天都有做不完的工作，
不勝其煩。有時當你從頭管到腳時，效果往往並不好。

有些領導者，從開始進行管理時就下定決心要解決組織內存
在的一切問題，這種觀念本身就是一個嚴重的錯誤。當領導者力
求按照一般的管理原則來進行管理時，常會得到事與願違的結
果。這種違背自己初衷的情況使領導者處於一種尷尬境地。

在任何時候，組織機構總會存在這樣或那樣的一些問題。有
問題存在是正常的，沒有問題反而不正常。領導者要允許問題存
在，特別是要允許那些無關緊要的問題的存在。

有些領導者深感自己責任重大，經常事必躬親，廢寢忘食。
總希望能多關心和處理組織中的各種事務。這種精神是值得肯定
和讚揚的，特別是當領導者臨危受命時，必須身先士卒，事無巨
細。但是，對正常的管理秩序來說，領導者應該注意和防止這種

越位管理現象的不當存在性；在大多數情況下，應該強調按照組織規定的共同程序來進行管理，越位管理不能經常化和習慣化。

無論是從領導者個人的精力、時間、經驗，還是從調動下屬積極性使人盡其責各司其職的角度看來，越位管理都會帶來許多負面效應。

如果領導者經常直接到一線指揮，對基層人員經常進行不準確的批評，或者是隨意改變下屬所作的決定，這種情況久而久之會使組織的各級管理層都不負具體責任，人浮於事。大小事情都推到領導者一人手裡。

在領導過程中，不管往往也是一種管理。這就要區分領導的許可權，該管的管，不該管的不管。但實際情況常常是，該管的不管，這種錯誤容易被看到；不該管的卻管了，這種錯誤由於易被忽視，特別是上級越權對下級管理時，還難以被糾正。領導者對下屬行使管理時要特別注意這個問題。

傑克‧威爾許曾為公司高層管理人員做了一次別開生面的培訓遊戲。遊戲時，他給每個參加者發了一頂帽子和一雙鞋子。然後問大家，今天為什麼發帽子和鞋子？下屬們說，可能是明天有登山活動吧？威爾許又問，假如還發衣服乃至內衣內褲給你們，大家會有什麼感覺？下屬們一片「噓」聲，紛紛搖頭說：「不好，不好，感覺怪怪的，很不舒服。」威爾許說：「對了，你們不要，我也不該給。」領導的奧妙在於只「管頭管腳」，而不是「從頭管到腳」。

有些領導者者習慣相信自己，放心不下他人。他們經常不禮貌地干預別人的工作過程，這種病態心理會形成一種怪現象：上

司喜歡從頭管到腳，越管越變得事必躬親，獨斷專行，疑神疑鬼；同時，下屬就越來越束手束腳，養成依賴、從眾和封閉的習慣，把最為寶貴的主動性和創造性丟得一乾二淨，時間長了，就會使組織機構得到「弱智病」。

上司需要注重的是「領導行為的結果」，而不是「監控行為」。有些企業經過了幾年的發展，卻往往發現企業領導人固然獲得了高度的成長，但是大部分的一般職員卻沒能好好地隨著企業的成長而提升。造成這種落差的主因，還是在於企業的管理者大多過於強勢領導，使得員工的長處沒能充分發揮。

美國月涵投資顧問公司董事長谷月涵曾說：「沒有郭臺銘的鴻海，不知道怎麼走下去。」但郭臺銘卻說：「沒有郭臺銘，鴻海一定會更好更成功！」在他看來，鴻海的成功，不是靠個人，而是靠他強大的團隊。

「鴻海不靠技術賺錢，是靠樸實的企業文化賺錢！」在鴻海，所有的工程師不但得上生產線，而且要 24 小時輪班。郭臺銘自身更是親上生產線以身作則，他管理工廠就像帶著子弟兵打仗，嚴格要求產品品質，員工看到了老闆的敬業與專業，當然也會跟著全力以赴、發揮最大潛能，就是這種精神造就了鴻海的成功。

阿里巴巴和淘寶網的創辦人馬雲不懂電腦，對軟體、硬體一竅不通，但他認為一個成長型企業成功的原則是：打造一個強大的團隊，而不只是擁有明星領導人。

避免管理錯位

許多管理者每天用於有效工作的時間很少，大部分時間用於

瑣碎的事務，或用在根本不該處理的事。管理者做了自己不該做的事、管理者做了下屬該做的事、管理者做了無效的事，這種現象稱為管理錯位。管理錯位浪費了管理者最寶貴的資源——時間和精力。那麼該怎樣避免管理錯位呢？

要避免管理錯位，管理者每天上班前都要問自己 3 個問題：

1. 我是誰？

2. 我今天應該做什麼？

3. 我今天不應該做什麼？

上班開始工作時，管理者要問自己 3 個問題：

1. 這件事如果不做，有何後果？

2. 哪些事情別人做，可能做得更好？

3. 哪些事是在浪費別人的時間？

然後，要用自問自答的方式認認真真地回答一遍。

1. 我是誰？

這個問題看似簡單，實質上正確理解的並不多。回答這個問題，主要的目的是讓管理者們明確自己的角色定位。通過自問自答的方式強化角色定位，在心理學上稱為自我暗示。管理者們確實需要不斷的自我暗示。因為管理者只要進入工作崗位，就會被各種各樣的事務和人包圍，往往身不由己，特別容易出現管理錯位。

2. 我今天應該做什麼？

回答這個問題，實質上是在做一天的工作規劃。有效工作的管理者，必定做自己想做的事，做自己應該做的事。管理者應該主動工作，幹計畫內做的事；而不是被動工作，做不屬於

自己做的事，做計畫外的事。管理者們工作時，很容易犯的錯誤就是「來什麼事，就做什麼事」。

3. 我今天不應該做什麼事？

這句話是要不斷暗示自己：自己容易犯哪些錯誤，不能再犯了。有些管理者早上上班時本來是有計劃的，但一進入工作狀態便身不由己。本來正在集中精力考慮開拓市場的事，來了一位下屬要求簽字，於是把精力轉向簽字事宜。過了一會兒，一位下屬來請示一個問題，又開始幫下屬出主意想辦法。結果一天下來，開拓市場的事一點結果也沒有。下班時回想起來，大多數是自己不該幹的。這樣的事每天都在重複發生，非刻意而不能自己。

4. 這件事如果不做，有何後果？

這句話是要問自己：哪些事根本不必做，做了也是白白浪費時間，無助於達成企業的既定目標。然而，很多大忙人，天天都在做一些不肯丟下不做的事，如頻繁參加宴請、禮儀式，出席本可以不出席的會議，發表一些不痛不癢的講話。這些事不知佔用了多少寶貴的時間。然而，一年又一年，天天也躲不了。其實，對付這類事情，只要問一下對公司有無幫助，對本人有無幫助，或對對方有無幫助。如果都沒有，或者貢獻甚微，完全可以不去做。

5. 哪些事情別人做，可能做得更好？

這句話是要問自己：我是否在犯管理者們通常容易犯的一個毛病：事必躬親。事必躬親的原因很多，有的是為了對上級顯示自己的忠誠，有的是不信任下屬，遇到問題，總怕下屬做

不好，於是親自動手做起來，做了下屬該做的事。其實，即使管理者比下屬做得好，僅從管理者有更重要的事要做這點考慮，也應該讓下屬去做。

6. 哪些事是在浪費別人的時間？

　　這句話是要問自己：是否由於自己的工作安排失當，而讓下屬做了很多不該做的事，而下屬礙於上司的臉面，又不好拒絕。

　　正確回答了上述 6 個問題，並能很好地去做，就不會出現管理錯位現象，就會發現經理的工作實際上很輕鬆，工作效率也會大大提高。

別當完美主義者

　　傑克・威爾許說過，「不要等到所有的情況都完美以後，才動手去做，那樣的話你可能一事無成。」在我們的周圍，你會發現一些人，他們才智過人，工作能力也很不錯，而且又非常勤奮，一工作起來常常什麼都忘了。但是，他們就是出不了什麼成果，眼看著比他們在各方面都差一些的人，做事的成果都十分顯著了，他們卻依然默默無聞。

　　尋找這類人之所以遲遲不能成功的原因，可能不是一件容易的事情，因為他們的才華雖然說不上蓋世，但比起常人卻超出了一截。他們的腦筋很靈光，工作也夠勤奮，如果是這樣的話，更有可能是個「完美主義者」。

　　你可能會問：「完美主義不好嗎？」是不好。如前面所說，這些人之所以不能取得成績，不能取得人生的成功，不是他們缺少能力，而是他們在做任何事情之前，都不能克服自己追求完美

的意念與衝動。

　　想把事情做到盡善盡美，這當然是可取的，但他們在做一件事情之前，總是想使客觀條件和自己的能力也達到盡善盡美的完美程度，然後才會去做。然而，這些人的人生卻始終處於一種等待的狀態之中。他們沒有完成一件事情，並不是他們不想去做，而是他們一直在等待所謂的「成熟時機」，因而沒有去做。於是，他們就在「等待完美」中，度過了「自己不夠完美」的人生。

　　比如，一位碩士生想寫一篇論文，他首先會在嘗試幾種、十幾種，乃至幾十種方案之後才去動手寫論文。這麼做當然是好的，因為他可能在比較當中找到一種最佳的方案。但是，在他開始寫的時候，他又會發現他所選擇的那種方案依然有些地方不夠完美，多多少少還存在著一些錯誤和缺點。於是，他就將這種方案又重新擱置起來，繼續去尋找他認為的「絕對完美」的新方案；或者，將這一論文的選題又放下，又去想別的事情。

　　實際上，天下沒有什麼東西是「絕對完美」的，他要尋找的那種「完美」是不可能存在的。這種人總是不願在生活中、工作中出現任何一種失誤，擔心因此而損害自己的名譽。所以，他的一生都在尋找的煩惱中度過，結果什麼事情也沒能做成。

　　如果你不相信這一點，你可以從自己過去的計畫中，找出你拖延著沒有做的事情、沒有完成的項目，或者課題。這樣的事情你可能也會找出一大堆：搬了新家窗簾還沒有裝，所以沒有請朋友來家裡玩；想要去上英文課或瑜珈課，卻又不想在假日出門；這只現價 30 元的股票原想等掉到 5 元再買，但它一直掉不到 5元，所以就一直未買⋯⋯

　　歸納一下你會發現，你一直在等待所謂的「完全條件」，時候到，你好將它做得盡善盡美。可是，你可能會發現社會上同樣的事情，有些人的方案或者條件還不如你的成熟，但他們的成果已經問世，或者已經賺了一大筆錢。聽到這些，你又會因此而煩惱。造成這種狀況的原因就是你患上了「完美主義」的毛病。

　　這就可以解釋為什麼會有那麼多表面上看起來相當精明能幹的人，到頭來卻一事無成，總在人生的道路上坎坷頗多，進退維谷。

　　你還可以做這樣的試驗，把手頭的某項工作交給你的兩位部下，一位是完美主義者，一位是現實主義者，看看他們面對同一個工作時，會有哪些不同。等他們將方案提交上來，你會發現，完美主義者可以一下子給你提供十多種可能的方案，分別說明其可行性與利弊得失，但是他無法確定哪種方案最好；現實主義者則不然，他可能只有一種方案，也就是他要實施的那套方案。在聰明才智方面，他比不上前者，但他能夠制定一套很實在，並且馬上就可實施的方案。

　　所以，在人生中，無論是對待工作、事業，還是對待自己、他人，我們不妨做一個適度的妥協者，而不要做一個完美主義者。因為完美主義者有可能什麼事情都沒有做好，還一直抱怨時機；但妥協者卻會多多少少有些進展。

　　請記住：不要等到所有情況都完美以後，才動手去做。如果堅持要等到萬事俱備，你就只能永遠等待下去了。同時，身為領導者的人，在對待自己和工作時也要寬大些，不必追求永遠絕對完美。這樣，你不但少了許多煩惱，同時還會發現，你的工作、

事業在一個短時間就會有很大的發展。

領導者的 4 大通病

失敗的企業領導者基本上有 4 大缺點：

1. 缺乏顧全大局的宏觀能力

哈佛管理學院的教授早在 1971 年便指出：「一個學術能力強的人，不保證就能學到事業成功的要訣。畢竟，成功的事業生涯，牽涉的不只是知識的學習，還包括領導員工、改變他人、激發員工成長，及與人合作相處之道。」

李文斯頓教授的觀點在於，所有的經理人都必須有規劃、指導、控制與評估的能力，並且在不同的過程中，注意各階段工作與大方向的關係。失敗的企業領導往往見樹不見林，只注意細節而缺乏宏觀。

擔任領導意味著必須重新界定做事的方法，設立新的目標，並且表明自己全力以赴，拿出成績的決心。領導必須使部門目標落實成可替公司帶來利潤的成果，而不是整日解決無止境的細節問題。問題是，很多新上任的領導，往往無法從過去掌握細節的工作習慣，跳到高階職位，從全局來看公司的營運大局。因此，很多領導往往部門績效不佳，甚至拖累公司財務，最後才在公司組織重整之際解除職務。

2. 無法與其他部門融洽相處

職位與權責相當的經理人在企業內難免彼此競爭，多數經理人都會遵守公平競爭的原則，但少數人則為求升遷不擇手段。真正有能力、有經驗的領導者，永遠與其他部門的領導者

及員工保持密切接觸，做決定之前會參考其他經理人的意見。他最困難的工作應該是篩選眾多建議，以做出最好的決策。

3. 懼怕改變

這是失敗經理人最常見，也最危險的特性，就是抗拒改變與拖延創新。在企業內，一個建議討論得愈久，員工的衝勁與好奇心也跟著消耗殆盡，而且連帶使其他部門領導者一起捲入這種光說不練的漩渦，最後公司將變成一潭死水。

4. 不尊重或忽視部屬

很多領導急於表現，或希望迅速達成目標，卻因此忽視部屬的意見。事實上，一旦員工感覺不受重視，士氣自然低落，反而不容易達成目標。

舉例來說，以往技術人員若在上班時間之外至客戶處進行維修服務，至少可獲得 4 小時的固定工資，或是工作時數乘上每小時工資的一倍半，至於以哪種方式計算，則以金額較高者為準。有時，技術人員實際只工作 1 小時，但卻獲得 4 小時的工資。

而某位新經理未照會維修部門的員工與工會，逕自更改這項制度。根據新規定，未做滿 4 小時，就必須做其他的工作補足 4 小時，才能領 4 小時的工資。這位經理的做法不無道理，但因為沒有事先妥善溝通，工會激烈反對。當工廠打電話到家裡找技術人員緊急外出維修時，員工都佯稱不在家。

最後工廠員工集體罷工抗議，並將事情擴大到引起媒體注意。新聞報導下結論表示，所有的騷動與混亂都肇因於新經理的獨斷專行。當然背後的主因是他對員工意見的不屑態度，使

得他又想節省成本，又要求員工合作的希望破滅。

這 4 項是失敗領導者的通病，並不是每個失敗領導者都集 4 種特色於一身，不過幾乎每個案件都有抗拒改變，只說不做的特性。

有效管理的 4 種心理習慣

要想提高領導功力，提高自己的行為水準、成果水準和滿足水準，唯一的途徑，就是提高「有效性」。有效性是一種習慣，是一系列實踐的綜合，實踐總是可以學會的。要想成為一個有效的領導者，必須獲得 4 項心理上的習慣：

1. 知道怎樣支配員工的時間

員工可控制的時間很有限，所以他們會用自己的方式來調配工作。但是，有效的領導者不是從他們的任務開始，而是從他們的時間出發。

領導者首先要認清他們的時間花在了什麼地方，然後設法去管理他們的時間，並減少那些佔用的時間多，卻沒有成果的工作。最後，他們再將他們的「零碎時間」集合起來，形成盡可能「長的連續時間段」。

它大致上可以歸納為 3 個步驟：記錄時間、管理時間、集合時間。這 3 個步驟是領導具有有效性的基礎。

領導者要知道時間是一個限制因素。任何生產過程的產出程度，取決於最稀有的資源，而最稀有的資源就是時間。

時間也是一種最特殊的資源。因為在其他各種主要資源中，例如金錢和人手，都是可以靠投資或僱傭而來。但是我們

卻不可能通過租用、僱傭、購買或者其他任何方式來獲得更多的時間。

時間的供給是完全非彈性的，不論對時間的需求有多大，時間的供給是不會增加的，時間沒有價格，也沒有邊際效用曲線，而且，時間是最易蝕損的，根本不能貯存。昨天的時間已經永遠失去而且永遠不會回來。所以，時間的供給永遠是短缺的。

時間也完全沒有替代品，在某種限度內，我們可以用一種資源來替代另一種資源，如銅替代鋁，但卻沒有任何東西來替代時間。做任何事情都需要時間，有效的領導者有別於他人的唯一之處，通常就在於他們能夠珍惜時間。

領導者經常受到種種壓力，迫使他不得不花費一些不會有生產效果和浪費性的時間，尤其在人際關係和合作關係的調和方面。此外，創新和變化也需要花費一定的時間。

領導者需要先記錄實際的時間使用情況，接著需要有系統地管理時間。應該區分出哪些是根本不必做的事，取消那些純粹浪費時間和絲毫無助於取得成果的事；有些能讓別人辦理的事情，可以授權給他人來提高效率。

2. 以「貢獻」為宗旨

有效領導的宗旨就在於貢獻，貢獻這一宗旨是有效性的關鍵。他們不是為工作而努力，而是為成果努力，從工作裡能看到目標。

以貢獻為宗旨使領導者的注意力，不受自己的專業、自己的技術，以及自己所屬的部門侷限，而是重視組織整體的成

績，同時會將注意力轉向外界，外界是產生成果的地方。這時，領導者在意的會是技術、專業、職務，以及部門與整個組織和組織的目標。

貢獻的含義一般分為 3 個方面：直接的成果、價值的再發現和實現、未來的人才培養和發展。3 者各自的重要性的先後次序，要根據領導者的個性和職位以及組織的需要而定。

在一個企業裡，直接成果表現為經濟成果，例如銷售量和利潤；價值的再發現和實現是指，要使本企業的技術能夠領導主流，也許是為社會群眾提供最好的商品和服務，並以最低的價格和最好的品質來生產；未來的人才培養和發展是指，不斷提高人力資源的素質。

當領導者為貢獻而工作，為貢獻而與別人交往時，才會是好的人際關係，他的人際關係才會有生產性，這也才是有效的人際關係。以貢獻為宗旨本身會給有效的人際關係提供 4 項基本保證：意見溝通、集體合作、自我發展、培養他人。

3. 發揮他人的長處

這裡說的長處包括領導者自己的長處、上級的長處、同事的長處和下級的長處，還要發揮周圍環境的長處。有效的領導者能避開短處，不能做的事絕不做。

有效的領導知道人不能以弱點為基礎。為了取得成果，必須用人所長，用同事的長處，用上級領導的長處，還要用自己的長處。當然，發揮他人長處的同時，並不能克服每個人身上所固有的許多缺點，但卻能使這些缺點不發生作用。

發揮他人的長處首先需要學會雇人，雇人的原則是知人所

長，用人所長，因事用人。具體有 4 個原則：

其一，知道所有職位都是由「人」來設計的，因此絕不會設計一個「不可能的」工作——常人所不能完成的工作。

其二，職位的要求要嚴，而內涵要廣。嚴就是要使一個人的長處得到充分發揮，廣就是要使任何有利於工作的特長都能產生巨大成果。

其三，知道用人應該先看他能做什麼，而不是先看職位的要求是什麼。這也就是說，在此以前，領導者就應該考慮此人的才能和長處。

其四，在用人之所長的同時，必須容忍人之所短。因為人之所長對於企業的貢獻大於人之所短。

此外，有效的領導者會努力設法發揮上司的長處。他們認為，上司也是人，有自己的長處和短處。要讓上司的長處得到發揮，不能用阿諛奉承的辦法，而應該堅持「對的就是對的，錯誤的就是錯的」，並以一種能讓上司所接受的方式向他提出。

最後，有效的領導者對自己的工作也要從長處出發，要使自己所做的都發揮效益，領導的任務不在於重新改造人類，而在於使整體的行為能力，透過對每一個所擁有的一切特長、力氣、志氣的運用，產生乘數效應。

4. 需集中精力使管理產生卓越成果

領導者需要強迫自己設立優先秩序，而且堅定地按優先秩序做出決定。讓下屬知道他必須做好最重要的、最基礎的事，而沒有其他選擇。這也是說，有效的領導者會懂得做好優先重

要的工作。

　　高效率要求集中精力。而有效的領導者往往按照事情的輕重緩急安排工作，一次只把精力集中在一件工作上。領導者要處理的問題不計其數，件件都需要有效的解決，而且通常需要集中時間和精力，同時也要集中職員的時間、精力，按工作的輕重緩急，分而治之。

　　要學會「集中精力」，首先要學會「擺脫昨天的困擾」，即終止已不再起積極作用的工作，即終止過去遺留下來的無意義的工作。領導這要釋放這種工作佔用的資源，為新工作創造有利的條件。

　　一般的小主管常常會面對「時間緊迫」的難題——有許多重要工作需要去做，卻沒有足夠的時間；有各種機會擺在面前，卻缺乏得力助手去有效地利用，還有眾多問題和緊迫事件需要處理。應對這種情況的原則有：看重未來而不是過去；看重機遇而不是難題；要有自己的方向而不是隨波逐流；要確立遠大目標，注重所產生的效果，而不求簡單、保險。

提高管理效能的 8 個要點

　　以下幾個方面對於領導者提高管理效能相當重要：

1. 與下屬共用資訊

　　一般公司的主管通常與外界有廣泛的聯繫，所以容易從外界獲得大量的資訊；而資訊又是下屬有效地進行工作所必需的。下屬由於地位和條件的限制，難以獲得足夠的資訊，必須依靠管理者來獲得某些資訊，以便有效地做出決策和進行工

作。他們需要上位者經常把顧客的新想法、供應商的動向和環境中的變化等傳送給他們。

　　然而上位者所掌握的資訊大部分是透過口頭傳遞形式的，比較難以再傳遞給下屬。於是許多資訊都停留在管理者腦中而不再往下傳播，只有少數有機會和管理者直接交談的下屬才能從管理者那裡獲得一些資訊。這種情況看起來就像是上位者故意扣壓資訊似的。

　　或許有人會提出兩點理由來反對上位者把資訊傳播出去。第一，「有些資訊是機密的，不宜擴散，特別不宜於形成書面檔。」這有一定的道理。但身為主管，要對資訊加以區別，有些資訊雖有一定的機密性，但如果為了保密而不使下屬掌握，就會影響下屬的工作意願。所以必須在「失密的風險」與「下屬掌握資訊而提高效能」之間權衡利弊，以定取捨。

　　第二，「資訊意味著權力。管理者與下屬分享資訊就意味著分散權力」。其實，如果資訊意味著權力，它也意味著效能。如果積壓資訊意味著保存權力，它也意味著放棄效能。這對整個組織的長遠利益是不利的。

2. 克服工作的表面性

　　一般主管的工作由於量大、承受的各種干擾多，做起事來很容易浮於表面。身為主管，必須認真去看待「工作只流於表面」的問題。有一些問題必須集中精力去深刻理解；然而，另一些問題只需粗略地過問一下就可以了。管理者必須在這兩者之間加以權衡，並把工作分成 3 類來處理：

　　第一類，一般性工作可以授權給別人去做。對這類工作，

即使管理者認為「自己如果有時間去處理，會辦得更好些」，也應該放手讓別人去處理——因為你是不會有那麼多的時間的，但應選擇那些受過專業訓練的下屬去做，並使下屬向自己提供必要的資訊。

第二類，部分專案可以指導別人去做。這類工作需要過問，但不必花費太多的時間，可由下屬擬訂方案，自己做最後的審批。這樣做，既可以節省時間，又可保證所擬定的方案和公司內部的其他變動和資源的分配協調一致。

但必須認識到，他們對這些工作的了解是很表面的。儘管有著一般的了解，但在具體細節方面，了解程度當然遠不如經辦的下屬。所以，在最後審批時，既要依據自己的一般性了解，還要考慮到下屬對具體細節的認識。特別要注意不能輕率地否定他人的建議方案，以免挫傷下屬的積極性。

第三類，必須親自處理的最重要、最複雜、最敏感的工作。這些往往是屬於公司改組、公司擴展、重大矛盾事件等問題。但是，由於上位者的工作很多而且很雜，也不可能在某一個問題上不間斷地花費很多的時間，而可能只是在一個較長的時間內繼續地予以處理。這樣，就要特別警惕自己，不要在不知不覺中改變了事物原來進展的方向。有就是說，領導者要防止自己由於專注於一些動態和措施，而忽略了全部的複雜性。

3. 讓別人分擔管理職責

克服管理者工作負擔過重的一個辦法是由兩三個人來分擔領導者的職務，形成「兩位一體」、「三位一體」、「領導小組」等管理體制。其中「兩位一體」的形式尤為普遍。由一個人主

要承擔對外的各種角色（掛名首腦、聯絡者、發言人、談判者），另一個人主要擔任管理和決策方面的角色。

這種辦法的優點是可以減輕壓在一個人身上的工作負擔，並使管理集體中的每個人專注於某些職務。但要使這種辦法有效地實行，必須有兩個必要條件：首先，管理集體中的每個人必須共用資訊，因為，資訊是管理者能承擔其職務的關鍵因素。分擔管理職務的成敗取決於共用資訊的程度。管理集體中的每一個成員都必須擔任「資訊接收者」角色，資訊的接收不能只由某個人來承擔；其次，管理集體中的各個成員必須協調配合，對公司的方針和目標有一致的認識。否則，各人就會朝不同的方向使勁，會使這個團體或公司解體。

4. 充分地利用各種職責提供的機會

領導者必須履行各種職責，花費許多時間。有的領導者在碰到挫折或失敗時，往往歸咎於自己的職責太多——有那麼多來訪和禮儀性事務，以致未能把工作做得更好些。其實，他應歸咎於自己沒有盡可能地利用其職責來為自己服務。

同一件事，某些人看來只是負擔，但對另一些人看來卻同時又是機會。實際上，對於一個精明的領導者來說，他的每一項職責都給他提供了各種機會。處理一次危機當然要花費領導者的時間和精力，但他也可以乘機進行某些必要的改革。領導者在禮節性事務上花費了許多時間，但他也可利用這些活動為公司開闢、疏通管道。以掛名首腦的身份去拜訪某個重要人物，可順便探聽新的資訊；出席一次下屬的彙報會，這同時也是發揮領導作用的機會。領導者做的每一件事都使他有機會獲

取資訊；他與下級的每一次接觸都能同時履行管理者的職責。總之，領導者的成功與失敗就取決於他是否充分地利用了各種職責給他提供的機會。

5. 擺脫非必需的工作，騰出時間規劃未來

為了避免整天忙忙碌碌，只顧眼前，看不到將來，領導者必須努力擺脫一些非必需的工作，騰出時間來規劃未來，使組織能適應未來的環境。領導者必須在維持組織的穩定運行和尋求組織的變革機會之間加以平衡，並有責任來保證公司既能在當前有序運行，又要能適應未來，得到發展——這就要求他有時間規劃未來。

領導者要規劃未來，就要有一些「空閒時間」。不能總是把行程排得滿滿，找不出「空閒時間」。因此，必須從日常行程中取消一些不是非做不可的工作，並把規劃未來的「空閒時間」也排進去，這樣才能保證有時間規劃未來。

6. 準確把握角色的重點

管理者雖然要在組織擔任若干重要的角色，但在不同的情況下要有不同的重點，對某些角色特別予以注意。影響這些情況的因素有：行業的種類、公司的規模、管理者本人在等級制度中的地位和擔任的職務、當時的形勢和環境的影響等。例如，直線生產領導者可能要以故障排除者角色為重點；競爭性機構中的管理者可能要以企業家角色為重點。

另外，還必須適應當時的具體情況來選擇角色的重點。例如，新擔任職務的領導者，要以聯絡者和資訊接收者的角色為重點；當處於鞏固變革成果的階段，則以故障排除者角色為重點。

7. 凡事謹慎從事

下屬對領導者的任何言行都是極為敏感的。所以，領導者要充分認識到自己對組織的影響，凡事謹慎從事。大公司中最高領導者的一句草率的議論、隨便透露的資訊，都會通過多種形式滲透下去，對組織產生重大的影響。

例如，領導者對自己工作日程的安排，就會對下屬產生巨大的影響。如果他對某項任務特別感興趣，就會在自己的工作日程中安排了較多的時間，於是下屬就會隨著轉變以迎合他的興趣。然而，領導者有興趣的領域不一定是當時公司的關鍵領域。這樣，公司的經營管理就會失去平衡，影響整個組織的經濟效益。所以，領導者要自覺地、適當地分配自己的工作時間，就好像再安排整個公司的工作的輕重緩急的次序一樣，不能以個人的好惡和興趣為准。

8. 協調各種對組織施加影響力的關係

任何一家公司之所以能夠存在，是由於有一些人創建了它，而另有一些人準備支持它；這些人都對公司施加影響。管理者的任務就是處理好這些對公司施加影響的力量的關係，將它們協調起來，有利於公司的存在和發展。

就一個商業行為來說，除股東以外，政府、工會、公眾、學者、顧客、供貨者等都在施加影響，管理者必須對這些力量的利益和要求加以平衡，妥善處理。

不斷給自己充電

想要開拓創新，管理者就必須有足夠的創造力。這種創造力

要求你不斷地進行創新，超越自我，永不滿足。前通用公司執行長傑克・威爾許就是個人和公司的變化大師和創造大師。他從不坐著不動，他所領導的企業也一樣。在他眼裡，沒有最好，只有更好。

所以，傑克・威爾許的首要任務就是不斷地改變自己。他認為總裁們必須改變自己，他們必須學習新技能以使自己更能派上用場，這樣才能保持足夠的創造力，才能跟上時代飛速發展的步伐。

公司也必須時時注意創新發展，停滯不前的機構正在使企業走向墓地。傑克・威爾許已經證明了自己是個人和企業兩方面改革的大師。他從不固步自封，他創造的公司也是一樣。他強調新思想的重要性——每一天都不同，每一天都是挑戰。

「誰沒有在思考？」威爾許問道「如果你沒有新思想，那最好辭職。」他說。

領導者必須不斷地學習，還要深入到基層，同時，也必須尋找要解決的問題。解決問題之後，接著還有下一個問題。韋爾奇是工程師出身，他一直保持著「提問題」和「追究正在發生什麼事情」的習慣。

傑克・威爾許還要求領導者必須重視自己的工作，這是保持旺盛精神和足夠創造力的前提。「事實上，不論對於哪一個人，工作都是很重要的。」他在做了心臟繞道手術後還掌管通用電氣公司。好的領導者不需期待工作該有豐厚的回報，因為他們的目光總會超越「僅僅為了金錢」的這種狹隘動機，引起他們興趣的是前面那些不確定的新情況和新問題。

同樣，領導者在工作之餘也應該有自己的生活，這是保持新鮮思維不可缺少的。「我花了很長時間完成工作。」有一次威爾許說。他不屬於那種總是說自己每天工作 23 小時，只睡 1 小時那樣的總裁。

他過著一種相當普通的生活；對於他這樣極有權勢，極為富有的人而言，那是很安靜的生活。他住在一所高爾夫球俱樂部附近，但他從不用閒暇時間做一些非總裁或管理者該做的事情，或者其他膚淺的事情。他喜歡卸下那些妨礙他的包袱，給自己充電。

傑克·威爾許告訴所有領導者們，要想使自己的工作效率更好、有足夠的創造精神，就必須不斷地改變自己，有良好的工作方式和工作態度。領導者只有始終保持高度的創造精神，他所管理的企業才會有所創新和發展。

■ 以最佳狀態應對種種不利局面

在領導者的工作環境中，會遇到種種意想不到的問題——挫折和挑戰總不斷向你襲來。如何在面對這些打擊後堅持下來而不垮掉，就成為衡量個人心理素質的最好標準。

為了好好了解現今工作環境中的種種潛在威脅，首先必須清楚這些威脅通常是來自何處：其一是來自他人，比如一個盛氣凌人的同事，或者一位脾氣乖戾的客戶；另一來源是偶發事件、最後時刻提出的意外要求、一個錯誤的消息，或者預想不到的差錯。當然，最後一個威脅來源就是你自己。不管你意識到了沒有，你所遇到的很多困難都源自你自身的弱點造成的，比如說，你急躁的脾氣，或者以自我為中心的行動等等。

作為領導者，如何輕鬆地應對種種不利局面呢？傑克‧威爾許的以下 10 點建議可供參考：

1. 時常堅持高標準

在現實生活中，明智的人時常要求自己遵循規範和道德準則，始終不渝。

一個堅持、正直的人之所以始終追求自己的最高理想，並非出於天性或是社會的壓力，而是源自對這些理想的堅定信仰。堅持、正直的人決不會在遇到困難或強烈誘惑的時候放棄自己的原則，甚至不允許有「僅此一次」的想法。

2. 仔細權衡，做出最優決策

優秀的行動者必然長於細緻的思考。在做出重要決策的關頭，他們會收集大量的事實情況進行分析；而在分析權衡的過程中，他們會盡力摒除自身的偏見，以增強決策的客觀性和準確性。

事實上，有許多好的方法可以幫助人們做出明智的決策。其中之一就是：列出現實情況中所有的有利因素與不利因素，而後仔細估量其中的利弊與得失。之所以這樣做，其目的是要通盤考慮來自各個方面的因素，其中甚至可以包括你的個人感受。

3. 但求卓越，不期望贏得他人讚賞

要想使一個團體中的成員團結一致，維持一種和諧的氣氛，一個最有效的手段就是利用人們渴望獲得讚賞的心理。但是，如果這種獲得他人讚揚與好感的願望過於膨脹的話，就會徹底破壞你正直的品行與平和的心態。

　　如果研究一下偉人們的事蹟，就能發現一個重要的情況：與贏得他人讚賞相比，他們更專注於實現遠大的目標。正為此，他們在完成了那些可欽可讚的偉績的同時，也獲得了卓著的聲望。

4. 積極解決問題

　　面對困難，是積極克服困難的第一步。如果你剛剛得知你的身體出了問題，就要去勇敢地面對、明智地解決，就要去徵求最優秀的專家的意見：什麼是最好的療法？如果你正在努力工作，爭取按時完成一項計畫，卻遇到了嚴重的突發情況。這時，你就應當像科學家一樣認真地分析局面：問題是怎樣造成的？該怎麼努力去找出可處理現實問題的最好途徑，發現最有益的方法，然後遵照施行。

5. 心存高遠，不為小事所累

　　做事過程中，如果不懂得合理分配精力，各種問題便會紛至沓來。你的完成將僅限於小事，大事則無法問津，撿了芝麻丟了西瓜。被瑣碎的 B 咖問題羈絆住了頭腦，自然不能留心頭等大事了。

　　要想培養自己權衡輕重的能力，其奧秘在於：選定一個核心目標，緊緊追隨而不分心於小事。只有找到一個值得傾注一切的目標時，人們才會全力以赴。唯其如此，他們才能做到最好。

6. 拋開小我，取得更大成就

　　智者是透過付出而不是索取來實現自身的存在價值。一位專家說道：「我從個人的經歷中學到：獲得自由就必須遵從，獲得成功就必須付出。」換言之，只有當你把目標置於個人利

益之外，為更高的理想奮鬥不止的時候，你的生活才是最激動
人心的，才最能實現它的價值。

汽車業的創始人亨利・福特（Henry Ford）始終抱定一個
信念：那些目光短淺、只重視眼前那份固定收益的企業是註定
要失敗的。他相信，只有盡職工作才能獲得收益，否則根本沒
有什麼收益可言。早在半個世紀之前，福特就抓住了這一思想
的精髓，他指出：「全心全意為顧客服務的企業只有一點需要
擔心：他們的利潤會多得讓人無法相信。」

7. 不可失信於人

「為人誠信」是一個人最寶貴的財富之一。有了這種聲
譽，你就會感受到他人對你的信任。當你發表意見時，人人都
洗耳恭聽並深信不疑。

獲得信任的方法多種多樣，其行為可大可小。這需要一個
人對自己高標準嚴要求，一貫誠實；經營作風光明正大；利益
方面先人後己，並且重承諾守信用。

8. 建成效於良好的人際溝通

事業成功的領導者都懂得把握待人接物的技巧，而所有這
些技巧的核心只有一點：對他人發自內心的尊重。歷任的福特
汽車公司總裁都相信：「要成為一名成功的管理者，首先需要
具備與他人坦誠合作的能力。這種能力遠比其他素質重要得
多。」

尊重別人絕不僅僅是與人為善那麼簡單。你應當認識到他
們中間蘊藏著巨大潛能。曾作為高露潔公司總裁的盧本・馬克
（Reuben Mark）說：「我們的企業在世界各地共有 3 萬 6 千名

員工，在這些人當中潛藏著超乎想像的天賦、激情和創造力。領導者的職責就是要把這些天賦釋放出來。」

9. 保持清醒，防止自我膨脹

　　生活中的問題大都不是由外部力量造成的，而是來自自身的原因。許多本可大有作為的人都是由於自我膨脹而終遭失敗。即使是一個老好人，一旦得意忘形起來，也會變成一個自命不凡惹人討厭的傢伙。大家避之唯恐不及，當然更不願與他共事了。

　　惠普公司前任總裁曾說：「始終保持自己的本色，千萬不要裝模作樣地故作姿態。因為你一旦開始裝腔作勢，就必然會招致眾怒。」另一位成功企業家也對此深有同感，他說：「不要自視過高，而應當謙虛一點。只有對自己永不滿足，才能取得更大的成就。」

　　身為領導者要警惕自我膨脹，要時常告誡自己，你的成功應部分歸功於運氣，還有他人——你的家人、導師、同事、下屬，以及那些給你指導和機會的人們——給予你的幫助。

10. 吸取經驗，發展自我

　　一些自然形成的辦事習慣會導致思想僵化，諸如「我已經做得夠好了！」之類固步自封的想法，更是不能常有。思想僵化是成功的大敵，它會使人落後於時代、喪失機遇。

　　新奇與挑戰可以令人思想更豐富，意志更堅強。只有習慣於不懈追求的領導者，才會在智力與情感方面，甚至在事業上得到進步。

　　你是怎麼樣的領導者，或是管理人？要站得更高、看得更

遠，宏大的識人和做事眼光，以及優質的好習慣，將會帶你走
向更圓滿的成就。

CHAPTER

6 擴展利益同盟

在多數情況下，想成功，必須仰賴合作者的幫助。如果你能正確地選擇，成功必定指日可待。

充分運用人際交往圈

俗話說：「孤掌難鳴、獨木不成橋。」一個涉入社會生活的人，必須尋求他人的幫助，借他人之力，方便自己。一個沒有多少能耐的人必須這樣，一個有能耐的人也必須這樣。就算我們渾身都是鋼，也打不了幾個毛釘，何況我們大多數人也是能力有限。

不過，「他人」只是一個泛泛的概念，有些不著邊際，而且這些「他人」大多是你的陌路人，不太熟悉的人，關係很一般的人，他們都不能實際地幫助你，具體地幫助你。「他人」中只有一種人能夠實際地幫助你，具體地幫助你，那就是——朋友。

這些貼近你的親朋好友，總是給你各種各樣的幫助。當你危難緊急，總是他們幫你排憂解難，渡過危急。或者當你吉星高照時，也是他們為你抬轎唱喏。朋友，是一個特定的圈子。圈子雖小，作用卻難以估測。

利用不是一個醜惡的東西，而是各取所需。一個人，無論在

工作、事業、愛情和休閒哪方面，都離不開這種人與人之間的相互利用。朋友就是如此。因為各人的能力和侷限，以及人際關係的不同，必須相互利用。借朋友之力，正是一個人高明的地方。

在自然界也是這樣，動物們相互利用，以有利於捕獵、取暖和生殖。獸王更是利用彼此之間的相互關係，以及在這種關係基礎上建立起來的秩序和習慣，以享受最大的優越：可以吃得最多最好，可以佔有最美的雌性和最年輕的雌性等等。

就社會和自然狀況來看，單打獨鬥是鬥不贏拉幫結派的。一個人在社會中，如果沒有朋友，沒有他人的幫助，他的境況會十分糟糕。普通人如此，一個成就大事業的人更是如此。如果失去了他人的幫助，不能利用他人之力，任何事業都無從談起。

借朋友之力，使用他人為自己服務，讓自己能成就事業，這是一個人很難能可貴的地方。尤其對自己所欠缺的東西，更要多方巧借。黃巾亂世之中，劉關張邂逅相逢，桃園結義，成就了千古美名，也奠定了西蜀王朝的根基。以後三分天下，西蜀稱帝。劉備始為皇帝，關羽、張飛也成開國元勳，西蜀重臣。

回頭看看，劉關張結義之時，三人均是下層草民。劉備雖是漢室皇親，卻落得流浪街市，販席為生；張飛只是一個屠夫、粗人。關羽殺人在逃，無處立身。三人結義後，彼此借重，相得益彰。

董卓之亂時，呂布稱梟雄。劉關張大戰呂布，卻只打成半手，可見呂布何等英雄。但呂布匹夫無助，枉自豪勇，最終被曹操所殺。而劉關張卻在三國中彼此相仗，日益得勢，最終立國樹勳。這是借朋友之力的一個典型例子。

　　西漢劉邦，也是一個善借朋友、他人之力者。劉邦出身低微，學無所長。文不能著書立說，武不能揮刀舞槍，但劉邦天生豪爽，善用他人，膽識無雙。早年窮困時，他身無分文，卻敢獨坐上賓。押送囚徒時，居然敢私違王法，縱囚逃散。以後斬白蛇起義，雲集四方豪傑，無論哪種背景的人或敵方的人，最後都為他所有。

　　如韓信、彭越、英布，這些威鎮天下的悍將英雄，原先都是他的死敵項羽手下的人。至於劉邦身邊的謀臣武將，如蕭何、曹參、樊噲、張良等，都是他早期小圈子裡的人，蕭何、曹參、樊噲更是劉邦的家鄉故鄰，親戚六眷。他們在劉邦楚漢爭戰中，勞苦功高，最終幫助劉邦建立了西漢王朝，也可以說劉邦利用他們成就了自己的帝王之業。

　　不僅帝王將相需要借他人之力（帝輦雖高，卻須將帥墊托），就是平民百姓也離不開三朋四友。這樣，平時有個三長兩短，緊急偶然，也有幾個說話的，幫襯的，遇事方能應付。俗話說：「一個好漢三個幫，一個籬笆三個樁。」好漢也離不開幫手，籬笆要站穩，離不開幾個樁。這都是在講利用他人之長，借用朋友之力。

吸引優秀的合作者

　　在多數情況下，想成功，必須仰賴合作者的幫助。與你合作的人越多，你的運勢就越旺，如果你又能正確地選擇對你有幫助的人，成功必定指日可待。

　　但存在於你和合作者間的，不是利害關係，而是「友誼」、

「相互的尊重」。

　　另外，不可對合作者的才能持過高的期望，或強求合作者具備他所沒有的才能。

　　每個人都有其擅長和不擅長的部分。如果一味要求對方達到你的標準，不管對方是否有能力做到，只知要求，不知體諒感恩，甚至斥責對方、貶損對方，不但於事無補，還會使人心背離，失去優秀的合作者。

　　那麼，如何才能具備吸引合作者的魅力呢？

　　其實一點也不難。只要學會下列 3 項祕訣，你就能成為別具魅力的人。

1. 給予金錢的利益

　　切莫輕視利益的重要性，因為利益是吸引合作者助你一臂之力的要素，但是，過分重視利益也會破壞友誼的純度。不給對方利益，會毀損你的魅力；給太多則可能適得其反。這之間的尺度，就靠你自己去掌握。

2. 滿足情感的需要

　　所謂情感需要，主要指友情、彼此的夥伴意識。滿足對方對友情的渴求，對方自然樂意助你一臂之力。

3. 提高自我重要感

　　在提高自我重要感方面，要明確地讓對方知道，你多麼需要對方的幫助，而且除了對方，沒有人有能力幫助你。這樣能大大地滿足對方的優越感，樂意為你效犬馬之勞。

　　如能將上述 3 項祕訣銘記在心，你便會散發出無比的魅力，吸引優秀的合作者向你靠近，助你邁向成功之路。

善用隱形的財富

商業競爭固然激烈殘酷，可是有時候也需要表現出一種真摯的溫情。你可能欣賞一個商業上的朋友，並真心想幫助他做一件事，但這與商業人情不同，因為你無意造成對方的心理負擔。

商業人情是指對某人或因某人請求而作出的姿態，目的就是為了使他覺得欠你一份情。但是，如果為別人做好事卻被視為「為了償還什麼」，那麼其效果將會大大減弱。

有些老闆常常把人家為他們辦的好事和他們為人家做的事記錄下來，以便有機會「扯平」，其實這樣做是極不明智的。

一位精明的老闆應當十分清楚該如何把握與員工的人情，而哪些人情又是不必要償還的。

順水人情也是商業交往中經常會遇到的事。但如果你做得太明顯，就很容易被誤解並造成虧欠的感覺；另一方面，你的良好用心不一定十分符合他人的利益，很可能會使對方發怒或者根本不感激你。

比較高明的做法是花些時間拜訪某人，請他到一家有名氣的飯店吃飯，席間和他去談一件兩分鐘就能談完的事；你還可以打一個時間較長的電話或乾脆寫一封長信，盡情地把你的所思所想表達出來。

有時候，最令人感動的人情卻是間接的。

維尼和鮑勃是一對生意上的夥伴，一次偶然的機會，維尼得知鮑勃的小兒子是美國著名歌星瑪丹娜的狂熱歌迷。

不久，維尼先生恰好參與組織了一場瑪丹娜的個人演唱會，

於是他便給鮑勃打了電話，告訴他有關演唱會的事，並詢問他的兒子是否願意得到一張貴賓入場券。鮑勃的兒子得知此事欣喜若狂，而鮑勃對維尼也是萬分感激。

如果你想打動你的主顧，那就為他的孩子們做點事情吧！孩子的快樂也就是父母的快樂。這有時雖然很容易做到，但讓人感覺到你的用心良苦並為之感動卻不太容易。對你的主顧來說，這要比你為他本人做的任何事還要好得多。

關於你商業上最重要的夥伴的家庭，你知道些什麼？對此，你是否關心，或者花過時間去瞭解？其實朋友的家庭生活情況往往包含有大量對你有用的資訊。

如果你想做一些能讓人長期感激的人情，那麼你不妨去做對方的中間人，把和你沒有直接利害的雙方撮合在一起，這樣雙方都會銘記你的功勞。

對於一些商業方面的小事，人們似乎記憶得最長久。轉眼間幾年一晃就過去了，直到某一天，人們會突然提起某件事、念起你來、想起你的好處，那麼，這種深刻的「良好」的印象會使你的生活、生意都獲益匪淺。

「人情」真是一筆不可估量的財富。你從事經營活動，無非是想豐富你的生活，實現你的價值，使理想付諸於行動。而所有的這一切，歸根結柢，它們使你幸福、有成就感、有充實感，總而言之，「快樂」圍繞著你。

而「人情」這東西不僅給你財富，還使你擁有被人們歡迎喜愛的充實感、快樂感。記住，「奸商」只能造就一時的得意，卻不能讓你品味美好人生。只有「與人為善」、「共同發財」才能

讓你長久而不孤單地成功下去。

與朋友一起做生意

李嘉誠是一個朋友眾多的商人，但李嘉誠還是一個善於與朋友合作的商人，在怎樣與朋友一起做生意這方面，李嘉誠有著一整套心得體會。

談到與朋友一起做生意，李嘉誠認為以下 3 點很重要：

1. 互惠互利，共渡難關

李嘉誠認為，當貿易的雙方都遵守互惠原則時，就會演變成自由貿易的關係，反之若有一方不遵守互惠原則就會形成保護主義。向對方敞開大門，既有利於吸收對方的有利方面，也有利於發揮自己的優勢，可以說，這是一個十分有效的商業原則。

從商業的發展來說，企業結盟的最大一股推動力是市場和技術。在過去，不同的技術各自獨立發展，很少重疊。今天，幾乎沒有一門技術和一個領域還是這種情形，即使是大公司的研究部門，也沒有辦法供應公司需要的一切技術。

所以，製藥公司必須和遺傳學家結盟，電腦硬體公司必須和軟體公司結盟。技術發展愈快，企業也就愈需要結盟。在這種結盟的背景下，技術和資訊的交流、資金和人員的滲透，都會給自己的公司和夥伴公司帶來巨大的活力，並極大限度地降低自己的經營成本，所以說，商業合作的魅力就在於此。

2. 選擇盟友要共用共榮

李嘉誠認為，商業合作應該有助於競爭。聯合以後，競爭

力自然增強了，對付相同的競爭對手則更加容易獲得勝利。但是，有許多公司之間的所謂聯合只是一種表面形式，在利益上並沒有達到共用共榮，這種情況往往就容易讓對手從內部攻破而導致失敗。

戰國時，魏國在選擇聯合對象時所注意的一點是「遠交近攻」。韓、魏、齊三國結成同盟，打算進攻楚國。但楚、秦乃是同盟，不小心謹慎行事，秦國就會出兵援助楚國。因此三國先向楚派出了使者，表明了友好的態度，提出進攻秦國的建議。

三國的提議，對楚國來說是收回曾被秦國掠奪的領土的好機會。楚國答應這個建議的情況被傳到了秦國後，韓、魏、齊三國先向楚發起了進攻，而秦國坐視不管，於是獲得了全勝。楚、秦二國就是在選擇合作夥伴時不慎，付出了沉重的代價。

由此可知，商業合作必須有 3 大前提，一是雙方必須有可以合作的利益；二是必須有可以合作的意願；三是雙方必須有共用共榮的打算。此 3 者缺一不可。

3. 分利與人則人我共興

對於經商，商人一直以謀求利益為經商之目的，所以古語說：「天下熙熙，皆為利來，天下攘攘，皆為利往。」千百年來，商人們抱定一個宗旨：「無利不起早，沒有利潤的事情是商人們所不願意涉足的。」因此，李嘉誠在生意合作中總是抱著「分利與人則人我共興」的態度，與他人積極合作。

當然，與李嘉誠抱有一樣態度的香港商人並不在少數，例如香港地產鉅子郭得勝以他憨厚的微笑和細心的經營，在創業

之初，使周圍鄰居不再感到陌生了，生意也日漸好起來，他批發的華洋雜貨及工業原料，價格都很適中，街坊都說他是個「老實商人」。

說也奇怪，人愈老實，客戶愈喜歡跟你做生意。生意做大了，便又向東南亞拓展市場。1952 年郭得勝索性改華洋雜貨為鴻昌進出口有限公司，專注洋貨批發。沒多久，街坊不再稱他郭先生，而是議論他是「洋雜大王」了。

實踐證明，採用讓利法則不僅能夠吸引顧客的購買慾，還能夠招徠更多的合作夥伴，使你的財源滾滾而來。無論是李嘉誠還是郭得勝，與人分利、誠實經商都是他們獲得成功的重要秘訣。

信任才會獲得力量

日本松下電器公司的前總經理松下幸之助，他用人的一條原則是用而不疑。松下電器的創業初期就以價廉物美的產品名揚四方，這是他在博採眾家之長的基礎上加以創新而成的。

一般來說，在商品競爭激烈的情況下，發明者對技術都是守口如瓶，視為珍寶，但他卻十分坦率地將技術秘密教給有培養前途的下屬。曾經有人告誡他：「把這麼重要的秘密技術都洩出去了，當心砸了自己的鍋。」但他卻滿不在乎地回答：「用人的關鍵在於信賴，這種事無關緊要。如果對同僚處處設防、半信半疑，反而會損害事業的發展。」

雖然也發生過公司職員「倒戈」事件，但是松下堅持認為：要得心應手地用人，促使事業的發展，就必須信任到底，委以全

權，使其盡量施展才能。這是他根據自己的親身體驗而建立的人生觀和經營哲學。

一般企業中老闆與員工相處的原則是這樣，合夥企業中合夥人相處的原則也是這樣。合夥人的經營管理方式，不盡相同，個人的意見也可能不被其他合夥人接納。如果大家都有互信、互諒的雅量，相信彼此都是為了把生意做好，絕不會有其他的意思，自然諸事太平。

然而，不管朋友之間的感情多麼好，彼此一旦發生猜疑，起了疑心，就等於在合夥基礎上養殖一隻「腐蝕之蟲」，如讓它繼續繁殖下去，合夥的事業就很難長久了。演變到最後，很可能反目成仇，各走各的路。

誠信無疑，相互信任是合夥人相處的一條重要原則。當然，這條原則是與疑而不用聯繫在一起的。凡是居心不良、對人沒有誠意、不能志同道合、缺乏能力的人不能使用。總之一句話，凡是經過考察，認真研究，覺得不可信任的人，則不能與之合夥，不能對他使用這一方法。如果失之斟酌，盲目與之合夥，盲目信任，就會自食惡果。

但是，如果經過仔細考察，認真研究，覺得可以信任，與他合夥後，就要推心置腹，充分信任，絕不干預。信任是人與人之間一種最可貴的感情，信任合夥人，就是尊重他的人格，沒有這種信任，就不可能使他產生自尊、自重、自愛，也就不可能使合夥人在工作中發揮積極性、主動性和創造性。

合夥生意等於是組織戰，合夥人之間必須要團結一致，才會產生力量。換言之，幾個人在互信的基礎上密切地結合在一起，

才能凝聚成一股龐大的力量，否則，彼此的力量不但會相互抵消，而且還會產生反效果，形成四分五裂的局面。

可是，有些合夥人的信心不夠堅強，或是在外面聽了別人的閒言閒語，或是在公司裡聽到員工的議論，便私下裡動了疑心，認為合夥人對他不夠忠實。只要疑心一動，就等於合夥事業亮起紅燈。

俗語說：「疑心生暗鬼。」如果你用懷疑的眼光去看一件事情，必然會發現很多疑慮，認為這件事或這個人有問題。最後必定會鑽進牛角尖去，你的行動不是為了更好地把合夥事業搞好，而是忙於證實你的懷疑是正確的，但這種懷疑卻往往是錯覺。

很多事情都有好壞兩面的看法，信任合夥人也是一樣，關鍵在於你怎麼看。曾經有兩人合夥經營，在經營中一人提出要去外地學習技術。你說他是為了公司的發展當然沒有錯，可是，你說他是去充實自己的技術，為自己將來的事業找出路，而不是為了大家的事業，也不能說錯。因為誰都不能保證他倆能合作到底。

儘管他會提出保證，他學的技術歸公司所有，但這種話也不是百分之百靠得住的。他學會了技術，自然說話的分量就重了，萬一他到時候變了卦，其餘的合夥人就奈何不了他。

當然，相信另一人也像做生意一樣，帶有幾分冒險性質，難免最後會吃虧上當。然而，除非你不打算合夥做生意，否則，你必須相信你的合夥人，一定要有「用人不疑」的決心，才能使生意有更大的發展，千萬不可以抱著懷疑的態度試試看。

如果一開始你就疑神疑鬼，擔心別人會坑你，就最好不要跟人家合夥，免得害了自己，也害了別人。一個各懷鬼胎的合夥生

意，絕不可能做得長久。這就像投資做生意一樣，如果你心裡老是擔心虧本，什麼生意也做不成。

在合夥企業中，合夥人要做到誠信無疑、相互信任，起碼要做到以下幾點：

1. 不可主觀亂猜疑

合夥人之間，既然大家都走到一起了，就應該精誠團結，同心同德，為合夥企業的發展而奮鬥。合夥人要以誠相待，切忌懷有戒意、放心不下、滿腹狐疑，最後鬧得互相猜疑，分崩離析。

曾經有過一個寓言，講的是一個人的斧頭不見了，他便毫無根據地懷疑是鄰居偷了他的斧頭，並且看鄰居的說話、行動都像偷了他的斧頭，後來斧頭找到了，則看鄰居的言行都不像偷斧頭的了。

這則寓言中的人雖然看起來荒唐可笑，但現實中疑人偷斧頭的合夥人不乏其人。有的人無端懷疑合夥人，你提防我，我警戒你，「戰火」四起，矛盾愈演愈烈，給合夥企業的發展帶來極大的危害。

2. 不要聽信流言蜚語

有時合夥人之間本來是相互信任、誠信無疑的，但聽了親戚朋友、企業員工或其他人的議論，便對合夥人產生了懷疑，影響了合夥人之間的團結。

曾經有兩人合夥做服裝生意，由於進貨時銷售方一般都不出具發票，因此起初都是兩人同時去進貨。後來，彼此信任感增強了，同時也為了節約進貨成本，便由一人去進貨。另一人

的親屬便懷疑進貨人在中間做手腳,有意抬高進貨價錢,以便從中侵吞進貨款。

開始時他並不相信,後來他的親屬在他面前說多了,慢慢地他也相信了。他想:你在進貨的時候侵吞進貨款,我現在也不好說又與你一起去進貨,我就在銷售方面侵吞銷售款,不拿白不拿,這樣大家就扯平了。

這時,剛好進貨的合夥人進貨回來病倒了,而一些貨又急需補進,他便去進貨。等他親自去進貨,他才發現以前親屬說的都是無中生有,錯怪了自己的合夥人。

試想,如果他沒有發現事情的真相,仍然抱著以前的態度去做,合夥企業如何搞得好?因此,合夥人不要輕信別人的流言蜚語,聽到別人有什麼議論,要認真調查,多問幾個為什麼,時刻保持清醒的頭腦,不要輕易相信別人的議論。

尊重才能減少摩擦

合夥企業與其他企業最大的不同點在於,其他企業中老闆只有一個,他有絕對的決定權,不管他對人事的處置是否公平合理,沒有人會干涉,旁人只有建議權,沒有否決權。

合夥企業就不同了,老闆有好幾個,雖然也有形式上的領導人,但終究不是純老闆、純員工,合夥人處於平等的位置,不存在誰領導誰的問題。重大的決策、決定要由合夥人集體討論決定,實行的是少數服從多數的原則,任何人不得把自己的意見強加於人。

因此,合夥人之間的關係,不同於老闆與員工的關係。如何

維護作為老闆的合夥人的自尊心，充分發揮其積極性，就是合夥經營中的一個重要課題。相互尊重、取長補短，是解決這一問題的基本方法，也是合夥人友好相處的基本原則之一。

在合夥經營中，合夥人容易鬧矛盾的一個原因，就是一些人不能正確地認識自己，不尊重合夥人。他們或是認為自己比別的合夥人強，獨斷專行，武斷地否定其他合夥人的意見；或是在合夥企業中，時刻不忘露一手，以顯示自己的所謂才能；或者指手畫腳，大發議論，肆無忌憚地吹噓自己的不凡。

這種做法，雖然在剛開始時沒有什麼，或許對方只有一點點不滿，但如果日積月累，長期下去，總有一天矛盾會爆發出來，嚴重影響合夥企業的運行。一個朋友與人合夥經營，在 3 年之後拆夥了，究其原因，既不是為了利，也不是為了名，最主要的原因在於對方經常簡單草率地否定他的意見和建議，讓他受不了。

據這位朋友講，起初的合夥還算愉快，那時規模不大，涉及的事情還不是太多，有時有一點爭論，但大家都心平氣和。隨著規模的擴大，涉及的問題與事情增多，許多問題就出現了分歧。這本來是很正常的事情，但對方逐漸認為自己的能力強，看問題高明，心態上有了變化。加上對方本來性格倔強，說話直來直去，在工作中難以愉快合作。

這位朋友說：「每當我提出建議時，對方總是簡單地予以否定，總是從反面提出種種理由加以拒絕，有幾次甚至在員工面前與我發生衝突。有一次，他自認為對市場需求有確定的把握，未經大家的同意，擅自增加了訂貨數量。當我向他提出這一問題時，他以種種理由來為自己辯解，最後還反過來指責我不懂市場

規律。」在這種情況下，雙方只好拆夥了。

為什麼要做到相互尊重，取長補短呢？其實道理非常簡單。中國有句古話說：「三人行，必有我師。」大千世界中，有本事的人比比皆是。在合夥企業中，合夥人既然走到一起來，說明各人總有可取之處，總有其優勢，不然就沒有必要合夥了。

當然，十個指頭都有長短，合夥人的工作能力和長處也不可能一樣，必然有人某些方面強一點，某些方面弱一點，切不可以為自己什麼都比別人強。合夥經營的目的之一，就是集個人微弱的力量，匯合成一股巨大的合力。

「三個臭皮匠，勝過一個諸葛亮。」合幾個人的智慧、財力，自然要比一個人「孤軍奮戰」有利得多。因此，明智的做法是，從維護合夥人的自尊心出發，尊重合夥人，謙虛謹慎，認真向對方學習，真心實意地相互合作，求得幫助，這樣既贏得了友情，又增強了合夥企業的凝聚力。

即使你的工作能力強，思考力也比其他人深遠，在合夥人中居於無形的領導地位，你仍然不能仗著「自己比別人強」的想法獨斷專行。做生意也跟為人處世一樣，合夥人之間的鬧意見，絕不會是偶發的事件，都是平時一點一滴的不滿累積起來的。如果事事都由你作主，而你也認為是「當仁不讓」的話，慢慢會形成你的優越感，視其他人的意見都沒有可取之處，總有一天會讓合夥人受不了。

曾經聽到過一個合夥企業的故事，三人相互尊重、取長補短的做法值得我們借鑑。那是在 7 年前，三個在電子工程界工作多年的青年人決心合夥創業。三人當中，A 的思考力較為成熟，平

時不管對事對人的評價，他都有獨到的見解，其餘兩個人遇到什麼事都愛找他商量，久而久之，他無形中成為三人的領導中心。

創業之初，徐明達雖然已想到了做電機生意，但他不願首先提出來，而是要其餘兩人多想一想，大家做什麼事情更好。其餘兩人都認為 A 的謙辭是多餘的，他們都相信 A 出的點子比他倆想的高明，到底做什麼生意應該由 A 一手包辦，但 A 仍堅持要他們去想一想。有人認為 A 這種做法是多此一舉，其實這正是他的聰明之處，正是合夥經營的正確想法。

合夥創業，成敗無法預料。如果 A 自告奮勇出主意，將來成功了，固然皆大歡喜，萬一遇到挫折甚至失敗了，他就難免受抱怨。大家想辦法，如果其他兩人的意見與他不謀而合，那麼將來要做的事情就是三人的意見了，一旦生意做得不順，誰也不會怨誰。

假如其他兩人的想法與他不同，他可以衡量一下，他所設想的行業是否有利，如果比他想得更好，他不妨順從他們，如果他們想的不切實際，他可以設法說服他們。這種迂迴式的做法，體現了 A 不攬權、不獨斷的作風，體現了他對合夥人的尊重，體現了合夥企業中合夥人取長補短的優勢。

誠然，蛇無頭不行，合夥經營的生意也要有個頭，也要有個總管來主持公司全盤的業務，來推動、策劃業務的發展。但這種主持人的產生，必須基於合夥人百分之百的信任、擁護，而且讓他們發自內心的敬重。

合夥經營不像獨資生意，靠權力可以樹立起威嚴，你必須讓合夥人心悅誠服。換言之，你的決定是正確的，必須使合夥人也

打心中相信它是正確的；他們的看法是錯誤的，你要有足夠的理由說服他們才行。切忌抱著「我決定就這樣做了」的心態，而武斷地否決了別人的意見。

　　前面提到的那個合夥企業，初期只是進行電機的銷售、修理，後來慢慢地業務擴大了，大樓電梯修理也成了他們的服務專案之一。當時，Ａ產生了一個新的想法，認為電梯製造業將是一個很有發展前途的行業。

　　可是他向兩個合夥人說明之後，他們的反應並不強烈。他們的看法是，現在公司的生意基礎還不牢靠，電梯的需求量也不大，不如等幾年再說。然而Ａ並沒有仗著自己在這方面的能力比別人強，仗著自己處於領導地位，就抱著「我決定就這樣做」的心態，去武斷地否定其他合夥人的意見。

　　他認為，像這類重大的決策，必須經過其他合夥人的認可，不能自己一人說了算。這樣做，不僅能保證決策的正確性，而且能充分發揮合夥人的積極性和智慧。如果由個人說了算，那麼其他合夥人就會不負責任，無法負責任，一些不同的意見和想法就表達不出來，久而久之，使分歧積累起來，就會影響合夥人的團結。

　　因此，Ａ的做法是暫時不要忙著去說服其他兩位合夥人，而是先收集有關電梯發展的資料，如高層建築的趨勢、電梯使用量的多寡等。把各種資料收集完備之後，再與合夥人正式協商，並把他們顧慮的問題一一加以解說、分析。他最後的結論是：「要做這行生意就要早下手，等有錢的大老闆想到要做的時候，我們就沒有競爭力了。」

從這個事例可以看出，合夥企業掌舵人一職非常不好幹，因為合夥生意，大家都是老闆，跟老闆管理員工完全是兩回事。如何不傷害合夥人的老闆尊嚴，如何使彼此的友誼不受到傷害，而又能順利地發展業務，這的確不是一件簡單的事。

在處理事情時，太獨斷跋扈固然不行，但事事都要徵得合夥人一致的同意，也是不可能的事。發展事業要靠頭腦、魄力、遠見，在這些方面，合夥人的能力不可能是完全相等的，必然有的人較保守，有的人較沒有主見，這就要看合夥企業掌舵人如何運用自己的權力去完成應推行的計畫了。

如果掌舵人不能建立起合夥人對他的完全信賴，不能尊重合夥人，充分發揮取長補短的優勢，那麼這個合夥生意就等於亮起紅燈，遲早會走上瓦解之路。

十個指頭都有長短，合夥人的工作能力和長處，當然不可能一樣，其中必然有某方面能力較強，某方面能力較弱。在開始合夥時，許多合夥人彼此基於「莫逆之交」的友誼，你能原諒他，他也能原諒你。

可是，等生意賺了錢之後，每個人就難免會生出這樣的念頭，生意能有今天這樣的成就，我出的力最多。既然每個人都有了這樣的念頭，自然會在心裡產生優越感，對生意上的事務，難免也會產生「應該多管一點」的心理。

於是，你也想多管一點，他也想多管一點，在意見上，就慢慢發生了摩擦，大家都忘記了當初合夥創業的理想，也忘記了現在的成就是幾個人合力創造出來的，只一味的想著如果不是我，這個生意就如何如何了，每個人都自覺比別人強，比別人出的力

多，誰也不服誰。

由於這些偏見的滋生、壯大，合夥經營的生意，往往會形成能夠共甘苦，不能同富貴的現象，使好朋友變成仇敵。這類的事例，在工商界簡直不勝枚舉。這些教訓值得我們從事合夥企業的人深思。

合作關係不是零和遊戲

「人與我、義與利」是合夥人相處時接觸最多，也是最難處理的關係。合夥企業是由幾個合夥人組成的，為什麼不一人創業而要幾人合夥創業呢？原因是多種多樣的，或許是因為勢單力薄，一個人單打獨鬥不能創業或創業困難，或許是需求某種優勢，以增強企業的競爭力。

不管如何，合夥創業的根本原因在於集個體單獨的力量，形成比原來更大的合力。這就是合夥人相處的基礎。大家只有在一起，才能闖蕩商海，搏擊市場，才能在殘酷的競爭中求得生存。

在一定的歷史階段和時期內，合夥企業存，則合夥人的事業存；合夥企業亡，則合夥人的事業亡。因此，合夥人在經營中要注重合夥企業的整體利益，注重與其他合夥人的關係。但是，作為合夥人之一的「我」，又有自身的個人利益，在管理決策上又有個人的觀點和意見，這又可能與其他人不一致，甚至衝突。

簡單言之，就是個體與整體的關係，全局與局部的關係，人與我的關係，義與利的關係。可以說，任何一個合夥人在經營合夥企業時，腦海中必定思索過這一問題，這些問題有時甚至困擾著他們。

　　單純地講整體的利益，講合夥人應該如何維護別人的利益，先人後我是不現實的，也容易陷入說教的情況。因為作為商人的合夥人，謀利乃是其本質。他們不是宗教家，也不是救濟者，他們不可能只講求利人，而忘了自己。

　　如果一定要他們這樣做，必然壓抑他們的創造性與積極性，但是，如果走向另一個極端，同樣也是不行的。如果在合夥企業中，合夥人都只講個人的利益，只想著個人如何爭權奪利，合夥企業遲早會被搞垮。在合夥企業中，合夥人最容易犯的錯誤經常是後一種。這時，合夥人之間明爭暗鬥，勾心鬥角，爭權奪利，根本就不可能友好相處。

　　合夥人友好相處，就是要在人與我、義與利之間保持適度的平衡，人我兩利，義利相濟。此時，合夥人既不會放棄個人的利益，又不會損害其他合夥人的利益，在個體與整體之間求得了最佳平衡點。在這種狀態下，合夥人就能友好相處。

　　有許多合夥人之間關係緊張的原因，都是雙方在利益分配上，自覺不自覺地站在了彼此對立的角度上。他們認為「蛋糕」只有這麼一點大，你多分了一點，我必然就要少分一點。因而，雙方在利潤分配上便產生了一種鬥爭性，甚至到了錙銖必較的程度。

　　如果你陷入了這一情況，你與合夥人之間的關係必然很緊張，大家在合夥經營中想的都是自己的利益，相互很難友好相處。

　　其實，只要靜下心來想一想，就會發現上面這種觀點是假設在「零和前提」下的。所謂「零和」，指利益各方的總量為定

值，這樣，你多一個單位，我就少一個單位，雙方變化的代數和為零。

如果在利潤額已定的情況下，你的確與合夥人進行著一場「零和遊戲」。但你想過沒有，是否應該增加這個代數和，做大這個「蛋糕」呢？一個好的利益分配方式當然是通過總額的增長來增加雙方的收入，通過做大「蛋糕」來增加雙方分配時的所得。「增和遊戲」遠比「零和遊戲」輕鬆得多，也愉快得多。

所以，你要牢記住這樣一個道理，合夥人的利益就是你的利益，只有通過合夥企業的發展，才有個人的發展，這樣就能人我兩利。有了這種心態，合夥人才能友好相處。

點醒合夥人的技巧

在合夥企業的經營管理中，合夥人難免有一些意見和行為是不正確的。比如，你的一個合夥人近來對企業的事缺乏熱情，不管不問，工作沒精打采，分工安排的事常常不能完成。本來今天約好在一起商量一些事，結果他又推卻說有一些私人的事要辦，而你知道他實際上又與一些人打麻將去了。為此，你心中一直感到不舒服。在這種情況下，你究竟應該如何做？

批評與接受批評是每個合夥人的重要課題，在他們日常職務範圍內，都難免要面臨到這方面的技巧考驗，甚至帶來諸多困擾。心理學家告訴我們：人皆反感批評。的確，批評與自己地位相同的合夥人不是一件愉快的事，也不是一件容易的事。

一方面，要使他瞭解他所犯的錯誤，另一方面又要保持他的自尊。忠言逆耳，在批評中稍有不慎，言語運用不當，就會把小

事變大，帶來合夥人的誤會、敵對，甚至衝突。要使合夥人能夠常納雅言，必須有高度的技巧。

1. 適當的時機，純正的動機

純正的動機和適當的時機，是對合夥人進行批評的基礎。在你對其他合夥人進行批評時，雙方應該以足夠的信任為基礎，如果無法取得對方的信賴，即使所持的見解精闢，依然無法令對方折服。

其次，你必須要有純正的動機和建設性的意見，在進言之前先要確定自己的言行有助於合夥人，而且確能發揮實際效用。有許多批評經常以「我只是想幫助你」為由，事實上卻是為了一己之私。

你應該知道，真理並非任何人能壟斷或獨佔的，當我們觀察別人時，總免不了以個人有限的經驗和一己的需要來做衡量，難免失之偏頗，最好的辦法是提出批評之前，先請教第三者，使你的言論更能切合實際，合乎客觀。

曾經有兩個合夥人 A 和 B 夥經營一個企業。有一段時間，A 感覺到 B 對合夥企業的事沒有原來熱情，大家在一起的時候，B 不再像原來一樣積極為合夥企業出主意、想辦法，工作不積極。A 曾在不同的場合，從側面勸導過他，但收效不大，B 依然故我。

面對這種情況，A 並沒有急於對 B 提出嚴厲的批評，以散夥來威脅他。而是一方面進行深入細緻的調查，搞清楚 B 工作不積極、沒有熱情的原因。原來 B 發財之後，開始追求享受，有小富即安的思想。因此他等待時機，準備在恰當的時

候勸一勸合夥人。

有一次，他們見到了一位以前的朋友，此人因為富裕之後貪圖享樂，沒把心思用在事業上，結果把一個好端端的企業弄垮了，現在窮困潦倒，四處借錢。此人走後，A 便以此人為例，語重心長地對 B 進行了批評與勸說，終於使 B 回心轉意，幡然悔悟。

2. 適當場合，適度讚美

假設你的動機純正，言論精闢，那麼應該用什麼方式提出批評呢？首先要選擇適當的時機。當個人心平氣和較能以客觀立場發言時，就是談話的適當時機。假若你心中充滿不平，隨時可能大發脾氣，那麼最好先讓自己冷靜下來，因為過分情緒化的表現不僅無濟於事，反而有害。

同時你要掌握事情發展的時效，至少在人們記憶猶新的時候提出批評。假如你在事情發生以後很久才提出來，這時人們的印象已經模糊，你的批評反而容易給人留下「偏頗不公」的印象。

此外，除了把握個人心理狀況外，也要把握合夥人的心理狀況。你應該在合夥人事先已有心理準備，並且願意聆聽的情況下，提出批評。一個人的情緒變化往往是很微妙的，當你的合夥人情緒好的時候，你對他批評即使過了頭，他也可能不去計較。

而當情緒波動較大時，自控能力減弱，這時的認識往往呈現極端化的傾向，並伴有叛逆心理。此時，你的批評就是很平常，合夥人也可能聽著不順耳，甚至會把心中的煩躁遷怒於

你，與你大吵大鬧一場。因此，你應該善於掌握合夥人的情緒變化，適時提出批評。

一個美國企業家說過：「不要光批評而不讚美。這是我嚴格遵守的一個原則。不管你要批評的是什麼，都必須找出對方的長處來讚美，批評前和批評後都要這麼做。這就是我所謂的『三明治策略』——夾在兩大讚美中的小批評。」

在充分肯定合夥人成績的基礎上，再對他提出適當的批評，這倒不是說你在批評合夥人前，應先說一些漂亮的門面話，而是讓合夥人知道，雖然他屢次在某件事上處理失當，然而你卻尊重他的人格。為了把你對他的尊重傳達給對方，適度的讚美和工作上的認同是必要的，否則光是針對對方的某項缺點提出批評，容易讓對方感到不受尊重，因而心懷不平。

而你所指出的事項，最好是合夥人可能再犯、實際上又可以糾正的錯誤。假若同樣的事件或錯誤不太可能再發生，那麼在批評之前，最好三思而行。另外，假若合夥人所犯的錯誤，是他個人所無法糾正或彌補的，那麼你的批評反而有害。

最後，如果你對自己的觀察或判斷心存疑念時，最好徵求第三者的看法。這一點在處理目前尚未發生事端，但處理稍有不當，容易影響其他工作人員情緒的棘手人物時相當重要（例如先旁敲側擊，試探你所採取的某種方式是否妥善）。此外，這種方法也可用在你和對方的關係並沒有基本的信賴做基礎的時候。

3. 保留批評

在某些情況下，你必須保留批評：

⑴你無法取得對方的信任。

⑵你的用意只在傷害、打擊對方，或藉此一洩心中之恨。

⑶你想批評的對象、行為或是雙方的關係，尚未達到提出批評的程度，抑或你沒有足夠的時間。

⑷對方已經感到後悔，或是他本身已有層出不窮的麻煩。

⑸對方已經盡了最大的努力。

⑹錯誤只出現一次，很可能不再發生。

⑺你不願別人對你的批評提出反擊，也不想惹太多麻煩。

生意不成仁義在

世上的萬事萬物有其本來面目和自然之理。一個女人過日子，必然孤淒；一個男子度時光，必然寂寞。大雁飛行，必定成隊成行……這就是事物的規律。

自然的法則就是這樣，和為貴，合則全。何況人與人之間呢？聖賢的思想就是依據這些原則形成的，人與人的合作也是因為這些原則，而建立起一種互相依存的關係。

然而，人們在相互交往時常常走向它的反面。關係鬧翻，翻臉不和時，合作的關係便破壞了，彼此都把對方視為仇敵，並把對方說得一無是處，一錢不值。

人與人鬧翻，否定他人，就會自己孤掌拍不響，獨木不成林，必須盡快另找合作者。強者稱雄，天下紛爭，社會的和諧平衡打破了，強者就是在削弱自己。

所以，瞭解和為貴、合則全的人，爭而不離，爭而和合，因而強者更強，吵而更親，心心相交，不打不相識，事業更繁榮。

不爭不吵，本來就不可能。嘴唇與牙齒也有互相冒犯的時候。和氣生財，「和為貴」，商場上很忌諱結成仇敵，長期對抗。商場上很容易為了各自的利益爭執不下，甚至爭鬥不休。或者因為一筆生意受到傷害，從而耿耿於懷。但是，無論如何，都沒有反目成仇、結成死敵的必要。

有位商界老手說過：「商場上沒有永遠的敵人，只有永遠的朋友。」今天可能因為利益分配不均而爭吵，或者為爭一筆生意搞得兩敗俱傷；然而，說不定明天攜手，有可能共佔市場，互相得利。

所以，有經驗、有涵養的老闆總是在談判時面帶微笑，永遠擺出一副坦誠的樣子，即使談判不成，還是把手伸給對方，笑著說：「但願下次合作愉快！」

因為，商場上樹敵太多是經營的大忌，尤其是當仇家聯合起來對付你，或在暗中算計你時，你縱有三頭六臂，也難以應付。況且，做生意的主要精力應該用於如何開拓市場，如何調動資金，如何作廣告宣傳等方面，如果老是用在對付別人的暗算與報復，難免會顧此失彼。

有句諺語叫：「生意不成仁義在。」商人一般都較圓滑，這也是多年積累的經驗所得。

人與人間，或許有不共戴天之仇，但在辦公室裡，這種仇恨一般不致於達到那種地步。畢竟是同事，都為同一家公司工作，只要矛盾沒有發展到你死我活的境況，總是可以化解的。

記住：敵意是一點一點增加的，也可以一點一點消滅。「冤家宜解不宜結」。同在一家公司謀生，低頭不見抬頭見，還是少

結冤家比較有利於自己。

 你最好避開這種人

根據大量的合夥經營的案例研究，至少有 3 種類型的人不能與之合夥創業。

1. 好話說盡，食言自肥型

工商界的組成分子是極其複雜的，爭利的手段也是千變萬化的。一些人仗著自己有一點小聰明，自以為對商場的人情世故懂得比別人多，因而「走火入魔」，認為商場就是人騙人的地方，總想在與別人合作中多撈一點，多佔別人一點便宜。

於是，他們對合夥人沒有半點誠意，把對方當成傻瓜，想自己的利益時多，想別人的時候少，斤斤計較個人得失，總想自己多佔一點，少做一點。

對於這類人，不能與之合夥。這種類型的人都有一個共同的特徵，那就是「能屈能伸」，就像螞蟥一樣，要與你合作或有求於你時，他的舌頭如同螞蟥咬人時的身體蜿蜒搖動，說話時音調動聽極了，這就是所謂好話說盡。一旦目的達到，過去所說的話都忘得一乾二淨，完全站在自己的利益上打算盤，這就是所謂食言自肥。

照這樣的說法，沒有人願意與他們合夥做生意，但事實上這類人又常常得逞，原因到底在哪裡呢？因為這類人有很大的欺騙性，在實際生活中不容易對他們進行甄別。他們的一大「法寶」就是遇到人們的責難和質問時，能說出一大堆理由來解釋，連拍帶哄，說得你有脾氣都沒法說出來。

這類人眼睛都亮得很，心裡有一杆很精密的小秤，對與自己有關係的人都做過估量。凡是對他的利益有幫助的人，他不僅好話說盡，而且在必要的時候他也自願吃虧，表示他的豪爽、耿直；可是對於那些不能幫助他的人，他就換了一副面孔，其態度之傲慢、表情之難看、說話之難聽，真叫人難以想像。

總之，這類人把商場中的壞習氣都學到了家，如果再有一點表演天才，喜怒哀樂，學啥像啥，即使商場老手、社會經驗豐富的人，也會被他要得昏天昏地，上當受騙。

2. 眼高手低，耐心不足型

一些人不甘心替別人當員工，再加上籌措一筆資金也不太困難，於是便有了自己當老闆的念頭。他們認為，只要有錢，做生意是最簡單的事情；只要自己往靠背椅子上一坐，自有手下的人替自己效命賣力。

他們心想，只要有錢還怕雇不到人辦事嗎？聽起來，他們的想法一點也沒有錯，只要肯出高薪，不怕請不到人才，但是請來的人才如何用，這才是決定你夠不夠資格當老闆的關鍵所在。

還有些人本身貪圖享樂，不能從事艱苦複雜的創業工作，但現在每月的收入不足以維持消費水準，看到當老闆的很神氣，於是便想自己去當老闆。

可是他們只看到了成功後的享受和榮耀，卻看不見創業的艱辛，眼比天高，心比山大。沒有合夥之前說起創業來豪言壯語，信誓旦旦，發誓要做出個名堂來，一旦進入實質性的運

作，需要投入艱苦的勞動，需要長時間的努力時，就沒有往日所說的那種幹勁了。

他們或是得過且過，貪圖享樂；或是工作沒有主動性，平日在公司裡為別人做事時應付了事的那一套壞習氣就出來了。

很多受過良好教育，家庭環境又不錯的，現在個人收入勉強過得去的人，最容易成為眼高手低、耐心不足型的人。他們沒有受過生活的磨難，沒有經受過創業的挫折，不懂得創業的艱辛，便以為當老闆容易，做生意容易；一旦需要投入艱苦的工作，需要長時間地努力時，便顯露出眼高手低、耐心不足的毛病。

3. 自以為是，剛愎自用型

1980 年蘋果公司成功上市，賈伯斯一夜之間變為百萬富翁。因為這個巨大的成功，讓賈伯斯在當年登上《時代》雜誌封面，並在 1985 年獲得由雷根總統授予的國家級技術勳章。

但這樣的功成名就，讓年輕的賈伯斯難免有點飄飄然，造成他固執地堅持封閉式經營理念，加上之後其他電子公司的強烈衝擊，蘋果在持續暢銷 8 年後市場競爭力大減，而麥金塔銷售也不甚樂觀。公司的赤字在驚人地增長，而賈伯斯對於技術的狂熱，導致整個公司團隊陷入了一種技術革新的瘋狂追求，完全忽略了成本考量與客戶需求。而賈伯斯的固執最後使得董事會不得不將其逼退。

連賈伯斯這樣的時代巨人，仍有剛愎自用而導致失敗的時候，那麼又更何況是一些自以為聰明的小人物了。一些人自認為比別人聰明，分析力比別人強，聽不進不同的意見，總以為

自己的觀點與看法是最好的。

　　當別人對他的一些觀點或看法提出不同的意見時，他常認為沒有必要進行修改。對別人的意見或建議，輕易地給予否決，自己又提不出更好的方法來。思維方法是以偏概全，以點概面，偏激、固執，不易與人合作。這樣的人當然不能與之合夥創業。

　　金無足赤，人無完人。任何人都有其優點與侷限，優點與缺點同時並存。對於一般的缺點與侷限，我們在選擇合夥人時不能求全責備，要求對方十全十美，這事實上是辦不到的，因為我們自己都不是十全十美。

　　但對於具有上面所言的 3 種缺點與侷限的人，我們一定不能與他們合夥創業，因為這些缺點錯誤是本質性的錯誤，是長期形成的，一時半刻也改不了。

　　自古以來，人們就感嘆識別人的困難，也提出了一些識別人的方法。唐朝大詩人白居易在一首詩中寫到：「贈君一法決狐疑，不用鑽龜與祝蓍。試玉要燒三日滿，辨才須待七年期。周公恐懼流言日，王莽謙恭下士時。向使當初身便死，一生真偽復誰知。」

　　在這裡，白居易強調了識別人的兩個基本方法：

　　第一，實踐——試玉要燒三日滿。

　　第二，時間——辨才須待七年期。

　　這些方法都值得我們在甄別不可以合夥者時學習和借鑑。

7 CHAPTER
贏得人心就是贏得力量

如果羅斯福將聯邦安全委員會 1.3 萬僱員集合起來，站在孟斐斯的亨納達大橋上，並喊一聲「跳！」。會有 99.9% 的人跳進下面水流湍急的密西西比河裡，你可以看出忠誠的力量。

發展「精神生產力」

管理者與員工之間無疑是一種「管理」與「被管理」的關係。身為領導者，無不希望下屬對自己盡心盡力盡職盡責盡忠地努力工作。因為只有做到這一點，才能證明自己的管理是成功的，自己是一個成功的管理者。

可是，並不是每一位管理者都能實現這一目標，恰恰相反，成功的管理者往往只是少數人。古往今來，失敗的管理者都是居於多數的。

在這裡，決定成功與失敗的關鍵因素，就是管理者採取什麼樣的管理方式，運用什麼樣的管理方法，這向來是管理學者們所討論的一大重點問題。

自從管理學出現以來，許多管理學派相繼登台亮相。從廣義的範圍看，人們研究管理學的目的是為了社會和文明的進步，為

了人類的生存和發展，從狹義的範圍看，則是追求最大的和諧與效益，為了提高本機構、本單位的工作效率。

正是在這種目的的驅使下，當今人類對管理的研究投入了極大的精力，提出了多種多樣的管理理論，當這些理論投入實踐中運用以後，人們發現，無論是哪一種管理理論，都存在著許多的缺陷，沒有一種是可以全部或大部分實現管理目的的。

然而，隨著時間的發展，管理學理論不斷推陳出新，以發展「精神生產力」為目的的「人本管理」，愈來愈被提到重要的議事日程，以至於美國人把「開發人力心理資源」列為 21 世紀的前沿課題加以研究，日本和其他許多國家也在這方面傾注了大量的人力、物力、財力，展開潛心研究。

這種以發展「精神生產力」的「人本管理」，實際上就是當今某些國內管理者稱為「柔性管理」的管理理論。

「柔性管理」的基本原則包括：內在重於外在，心理重於物理，肯定重於否定，感情交流重於紀律改革，以情感馭人重於以權壓人…等。

這些原則中所體現的魅力，集中到一點，就是以看重感情投資、通過感情投資達到管理的目的。

古往今來，凡是想成就大事的人，都不能少了「人才」這一條。「事業者，人也。」沒有人，就不會有事業；沒有人才，更無法成就事業。

古人云：「得人心者得天下。」事實上，不僅想「得天下」的領導者需要得人心，就是一切想在其他方面有所得的領導者，也必須做到得人心才可以。

　　可是，俗語又說：「人心隔肚皮。」想真正得到人心又談何容易呢？

　　不過，只要管理者善於運用感情投資這一方式，想得人心也並不是困難的事。

　　有不少管理者常常會發出這樣的感慨：「真是時運不濟，物色不到合適的人才，手下人一個個幾乎都『低能』，工作起來不僅毫無生氣，而且毫無創意……」

　　這難道是事實嗎？

　　非也。至少，這種想法有以偏概全之嫌，不能說明事實的全部。

　　事實是任何管理者的下屬不會全是「低能」者，其中必然有出類拔萃的人。

　　這是因為下屬的能力不可能一下子全部顯現出來，而是需要一個逐步發揮的過程，這一過程是否會出現，取決於領導者是否對他們進行了卓有成效的感情投資。

　　可以肯定地說，下屬的能力大小與領導者對他們的感情投資多少是成正比的。

　　為什麼這麼說呢？

　　其一，管理者對下屬的感情投資可以有效激發下屬潛在的能力，使下屬產生強大的使命感與奉獻精神。

　　得到了管理者的感情投資的下屬，在內心深處會升騰起強烈的責任心，認為管理者對自己有知遇之恩，因而「知恩圖報」，願意更盡心盡力地工作。

　　其二，管理者對下屬的感情投資，會使下屬產生「歸屬

感」，而這種「歸屬感」正是下屬願意充分發揮自己能力的重要源泉之一。

人人都不希望被排斥在領導者的視線之外，更不希望自己有朝一日會成為被炒的對象，如果得到了來自領導者的感情投資，下屬的心理無疑會安穩、平靜得多，所以便更願意付出自己的力量與智慧。

其三，管理者對下屬的感情投資，可以有效激發下屬的開拓意識和創新精神，鼓起勇氣，不會「前怕狼後怕虎」，所以工作起來便無所擔心，一往無前。

人的創新精神的發揮是有條件的，當人們心中存有疑慮時，便不敢創新，而是抱著「寧可不做，也不可做錯」的心理，混天度日，只求把分內的工作做好就行了。

如果管理者能夠對下屬進行感情投資，建立充分的信任感，親密感，就會愈有效地消除下屬心中各種疑慮和擔心，從而使其更願意把自己各方面的潛能都發揮出來。

化解下屬負面情緒

下屬的某些負面情緒，是難以一下子消除的，但你可以想方設法令他忘掉不快，例如給他一些有挑戰性的或有樂趣的工作讓他去完成等等。

把私人不快樂的事帶到辦公室，對自己、對工作及對同事均有害無益。不過，人畢竟是有感情的動物，要完全忘掉不快是很難的。

管理者應體諒下屬的負面情緒，做出有限度的容忍；但必須

視其情況而定。例如某下屬近日神不守舍，在工作上出現些錯誤；但每天仍然準時上班下班，沒有時常稱病告假。作為主管者，應有一定的量度，因為該下屬仍以工作為重。

不過，如果遇到經常發脾氣，又稱病不上班，或時常遲到、無心工作的下屬，就必須加以引導，跟他談些人生的問題，有助於瞭解他心中的不快，然後將話題轉到責任問題，讓他的情緒容易適應。

要下屬在鋼鐵般的情緒下接受工作，已不合時宜；上司鼓勵下屬投入工作，比強迫他們忘掉不快的事情要有效得多。

冰冷的面孔、嚴峻的規則，都使人感到不安。在辦公室多年的人，可能不會感到什麼，但對於在學校被關懷慣了的年輕人，卻是一種虐待。

年輕人是工商界明天的棟梁，給他們多一點關心，他們也會懂得如何關心後輩。現在工商界有一個惡性循環，就是前輩冷落對待後輩，後輩掌權後施以報復，但同時又不懂得善待自己的後輩。這樣的惡性循環，使大部分辦公室都充斥著冷漠的風氣，沒有半點溫馨，職員的歸屬感也變得極低。

管理者在適當時候為下屬解決問題，不單只是公事，也包含私人的情緒。下屬遇到挫折時，情緒低落，效率和素質會受到影響；如得不到上司的體諒，情況可能會更糟。

這時可用朋友的身分詢問下屬發生什麼事，細心聆聽、慎給意見；最重要的，是絕對保密，永不將下屬的私事轉告任何人，才能得到對方的信任，使其得以安心投入工作。

適當的時候，你還可以用自己的真情鑽到下屬的心裡去，剪

斷他的不快之源。

　　除了親切地呼喚下屬的名字，或視情況活用下屬家人的資料外，在什麼情況下還可製造抓住下屬的心的機會呢？結論是只要有心，隨時都有機會。因為我們的心隨著工作或身體等狀況，經常會產生變化。只要能敏銳地掌握下屬心理微妙的變化，適時地說出符合當時狀態的話或採取恰當的行動，就能抓住下屬的心。

　　例如，當下屬情緒低落時，就是抓住下屬的心的最佳時機：

1. 工作不遂心時

　　因工作失誤，或工作無法照計畫進行而情緒低落時，就是抓住下屬的心的最佳時機。因為人在彷徨無助時，希望別人來安慰或鼓舞的心比平常更加強烈。

2. 人事變動時

　　因人事變動而調到新單位的人，通常都會交織著期待與不安的心情。應該幫助他早日去除這種不安。另外，由於工作崗位的構成人員改變，下屬之間的關係通常也會產生微妙的變化，不要忽視了這種變化。

3. 下屬生病時

　　不管平常多麼強壯的人，當身體不適時，心靈總是特別脆弱。

4. 為家人擔心時

　　家中有人生病，或是為小孩的教育等煩惱時，心靈總是較為脆弱。

　　這些情形都會使下屬的情緒低落，所以適時的慰藉、忠告、援助等，會比平常更容易抓住下屬的心。因此，一方面，平常就

要收集下屬個人資料，然後熟記於心；另一方面，管理者需及早察覺下屬心靈的狀態。

如何讓下屬忘掉不安或不快，是管理者的一個日常課題，必須做好。

下屬的不安可大可小，小的並不礙事，大的卻會讓他做不好工作，感到苦悶，最後做出辭職或跳槽的舉動。管理者的責任就是在下屬的不安還小時把它消除、化解。因此，我們沒有必要懷疑「心理管理」的作用，應當切實關心下屬的內心世界和合理需要，挖掘潛能，為企業多做貢獻。最大的付出贏得最多的回報。如果在心理上贏得下屬，本身就是最大的收效。

先把人往好處想，正確解讀失誤原因

有些管理者把大量時間和精力花在「看上」，而不重視、甚至極少「看下」。須知，這種做法是極為有害的。

真正決定你成敗的已不再是某個上司，而是你的屬下。你有必要重做一番「感情投資」。只有在你與下屬建立良好關係、在單位內部形成一種和諧的工作氣氛時，你的單位才可能獲得長足發展。

可是，有些上司卻對此不屑一顧。有的上司認為與下屬交心是懦弱的表現，他們認為：作為領導者應該有馳騁於「疆場」縱橫殺「敵」、一往無前的戰將風範，或者有以口舌雄辯於「疆場」，將各個敵手斬落於馬下，而捧著勝利品凱旋的儒將氣度。

這當然是一個理想的上司形象。但是，上司在前線如此驍勇，沒有下屬在後方為他築起的堅固「後防」行嗎？

當年的西楚霸王如何？其英勇有誰能敵，他不也是縱橫無敵、城必攻、敵必克嗎？到頭來，烏江自刎，又是為什麼？你不能說他不勇敢，也不能說他武藝不精。毛病就出在他所信奉的「以力征經營天下」的信條上，他沒能籠絡住下屬的心，得不到下屬的忠心擁戴。結果身首異處，為後世惜。

鑒於古事，你作何感慨？

有的上司也許以為與下屬交心屬小事，不值得他去費多少心思。

其實，上司與下屬的關係，密切聯繫著部門與員工的關係。很難想像，一個對上司存在厭惡情緒的員工，會為部門的存在和發展披肝瀝膽。可以說，員工對於部門的前途起著至關重要的作用。

要想部門取得好成績，就必須讓員工信任上司；上司要贏得下屬的信任，就必須學會體會下屬的用心。

俗話說：「知人知面不知心。」可見，想完全瞭解別人的心思是何等困難。作為上司，你不可能一下子把員工的全部心思都瞭解透徹，這需要一個過程，一個在不斷解決矛盾中逐漸積累認識的過程。

有的上司一見員工出了差錯，就著急上火，接著便把員工鼻子不是鼻子，臉不是臉地狠訓一頓。這樣，上司消除了一腔怒氣，但對於員工而言，無疑會加上一副格外沉重的枷鎖。這種處理方法不僅不能解決問題，甚至可能帶來更嚴重的後果。

遇到這種情況，脾氣暴躁的上司要格外小心，切莫一時逞性子而壞了大事。

　　你首先要做的是作一番調查研究，看看員工出現如此失誤究竟是何原因。這樣，你才能做到「有的放矢」，不至於盲目蠻幹。

　　如果員工的確是出於一片好心，他為了公司著想，只是不小心才把事情做糟了，沒能達到預期的效果，出現了操作失誤，這時，員工心裡肯定是很委屈的，同時，他也一定在責備自己，也隨時準備著接受你的批評。

　　如果這時你不調查、不核實，粗暴地訓他一頓。那麼，即使他心中承認自己有失誤，也會對你的這種做法大為不滿，從而產生抵觸和叛逆心理。他會認為你是「把好心當成了驢肝肺」，在以後的工作中，他就不會再為部門「自找苦吃」了。

　　更重要的是，這種做法不僅嚴重挫敗了當事員工的積極性，還會影響到周圍的員工，使周圍員工的積極性也不同程度地受到損傷。久而久之，整個部門員工的上進心、積極性都消失了，你這個部門也就到了該解體的時候了。

　　遇到這種情況，你應該心平氣和地與員工談話，逐漸消除他的緊張心理和嚴重的自責情緒。同時，你也應當明確地對他這種為部門著想的工作態度予以肯定。

　　你要讓他明白，你這個上司是充滿人情味的，絕不是一個「六親不認」的無情無義的「冷血人」。

　　你可以輕鬆地告訴他：「假如我是你，我也會這麼做的。」你與員工的心理位置盡可以倒換一下，把你為他設身處地著想的意圖明確地告訴他。受此激發，員工也會自然而然地為你去著想。

他會想：假如我是上司，我會如何如何。這樣，就會平衡員工的心理。使員工在不受到外力壓迫的情況下，在以後的工作中會更有效地督促自己努力，為公司發展做出更大的貢獻。

這樣做的另一個好處就是激勵了其他員工的積極性。通過這件事，其他員工會明確地接收到一個資訊：只要為部門著想，終會受到上司的賞識。於是，員工們的積極性和創造精神被空前地調動起來。萬眾一心，何事不成？！

團結部下，重在「攻心」

三國時代劉備雖說是皇室後代，因年代已久，查無可考，即使是真的，也沒有給他留下什麼好處。他少孤，與母親一貧如洗，只好以販履織席為業。這樣一個普普通通的平民百姓，為什麼能崛起於群雄之上，成為鼎足三分的一代梟雄呢？雖說有英雄造時勢等原因，但從其本人來說，是因為他最得「攻心」之妙用，是一個非常傑出的「攻心」戰略家。

他團結部下，重在「攻心」。劉備與關羽、張飛義結金蘭，食則同桌，寢則同席，關羽與張遼的談話，說出了與劉備之間的深情厚誼：「與兄（張遼），朋友之交也；我與玄德是朋友而兄弟、兄弟而主臣者也。經可共論乎？」後人知關雲長「掛印封金」、「千里走單騎」的英雄事蹟，更顯出劉備強烈的個人魅力。

張飛因醉酒被呂布奪了徐州，使劉備家屬陷於城中，張飛因受關羽責備而要自殺。劉備說：「古人云：『兄弟如手足，妻子如衣服。衣服破，尚可縫；手足斷，安可續？』吾三人桃園結義，不求同生，但願同死。

「今雖失了城池家小，安忍受兄弟半道而亡？況城池本非吾有。家眷雖被陷，呂布必不謀害，尚可設計救之。賢弟一時之誤，任至遽欲捐生耶！」這話多感人，難怪張飛為他拚死一生。

再說到趙雲，劉備一見面就非常喜愛，投靠後極度信任。長阪坡時，有人說趙雲投降曹操，劉備說不可能；當趙雲把阿斗送到劉備面前，劉備摔子，並說：「為了犬子，差點傷了一員大將。」劉備的話讓趙雲非常感動，從此趙雲也盡心為劉備驅使。

劉備「三顧茅廬」，使諸葛亮為他「鞠躬盡瘁，死而後已」；劉備知錯必改，向龐統誠意致歉，使龐統以死報效；劉備大膽起用魏延，使漢中無憂；劉備不吝爵位，使老黃忠以七十高齡而不退休，戰死疆場。

這些文臣武將在當時都是「種子選手」，難怪他能三分天下取其一。劉備對屬下的關愛，得到了豐厚的回報。

在一個企業的管理過程中，人性關懷主要表現為管理者的關懷，尤其是要給予那些最需要的人更多的關懷。

客觀地講，被關懷，是每個員工內在的特殊動機和需求，管理者只有掌握這一管理人的要素，才能調動員工個體的主動性、積極性和創造性，讓員工發揮最大的能力，為實現共同目標而努力工作。

所謂「得人心者得天下」。管理者要想用關愛激勵感化員工，首先必須尊重人，把員工當成「人」來看待。或許有點危言聳聽，不過很多管理者在對待員工時，僅僅把他們看成是完成任務的工具，即便是關心他們的一些需要也是出於迫不得已，結果使得員工與管理階層的關係非常緊張。這不但不利於組織整體效

率的提高，而且難以在組織中形成凝聚力和歸屬感。

美國著名的管理學家湯瑪斯‧彼得斯曾大聲疾呼：「你怎麼能一邊歧視和貶低員工，一邊又期待他們去關心品質和不斷提高產品品質！」

其實，對員工施以真切的關心，滿足員工被關懷的需求，贏得員工的「芳心」並非難事。因為員工的「被關懷」需求並非高不可攀。平日裡，管理者只需多留心，對員工各方面情況盡可能多暸解，發現員工對工作的不滿之處，及時給予必要的關懷，努力幫助員工克服困難，解除紛擾，就會使員工感受到企業的溫暖。

甚至一句簡單的問候，往往也能傳遞管理者溫暖、體諒的心，打動員工，讓員工感覺到自己被尊重、被關懷著。例如員工病好後上班，管理者及時表示出自己的關切之情：「完全好了沒有，要不要再多休息幾天？」等等。如此一來，員工的感情就會因「關懷」而昇華，從而激起他們自覺做好工作的熱情，促進企業發展，給管理者的「關懷」以回報。

管理者的關懷主要體現在心理支持和行動支持兩方面：

心理支持，不外乎理解、認同、信任、鼓勵等積極心理暗示。具體而言，對於信心缺乏甚至很自卑的員工，管理者的關懷最好採取暗示方式，讓他們通過自己的理解，自然地接受這種關懷，並轉化為積極的行為。反之就會弄巧成拙，「關懷」不成，卻讓缺乏自信者愈加心灰意冷，自卑者更加自卑。

同時，管理者從接納員工那天開始，就應擔負起引導員工成長的責任。達爾文曾說：「上帝在每個人身上都種有偉人的種

子。」所以，每個員工都有可塑性和可培訓性，都具有成功的特徵。企業管理者輔助員工成長時，一定要本著帶動而不是丟棄的態度，去對待那些需要拉一把的員工，讓其有能力與大家同步前進。這也是行動支持的主要體現。

「一分付出，一分收穫。」企業管理者從思想方面著手，為員工多花費點時間和金錢進行「關懷投資」，實現與員工在思想上的融通和對問題的共識，企業獲得的必將是更多的資源與回報，這是任何一項別的投資都無法比擬的。

管理者要有政治家的眼光

無論是戰爭還是商業運作，都不是單純的個人行為，而是一種較複雜的社會行動。因此，要求軍事指揮員和企業經營管理者，應該具備政治家的眼光和氣量。

《三國演義》第三十回提到，官渡之戰結束後，曹軍打掃戰場時，從袁紹的圖書案卷中，撿出一束書信，皆是曹營中的人暗地裡寫給袁紹的投降書。當時有人向曹操建議，要嚴肅追查這件事，凡是寫了黑信的人統統抓起來殺掉。然而曹操的想法與眾不同，他說：「當紹之強，孤亦不能自保，況他人乎？」於是下令把這些密信付之一炬，一概不去追查，從而穩定了軍心。

可見，曹操這位史稱「治世之能臣，亂世之奸雄」的人確有其非凡之處。儘管他在某些地方行事殘暴，但在用人方面卻始終表現出政治家的寬闊胸懷，儘管曹操多疑，但用人不計舊仇，還是可讚頌的。

除了官渡「焚書信」一事外，書中還在其他幾處描寫了他豁

達大度的政治家胸懷。例如宛城之戰中，張繡率軍殺死了曹操的
長子曹昂、侄子曹安民和大將典韋，曹操自己的右臂也在亂軍中
被流矢所中。

後來，張繡聽從賈詡的勸告投靠了曹操。曹操熱烈歡迎張繡
的到來，不僅沒有報殺子之仇，而且還與張繡結成了兒女親家，
並拜他為揚武將軍。張繡十分感激，他在後來的作戰中，為曹操
統一北方，建立了汗馬功勞。

可以肯定的是，凡是有大作為的人都有大的度量；完成大事
業者必有大的胸懷，千古萬世，莫不如此。

春秋時期，晉文公重耳外逃 19 年，得位後，平定了國內的
亂黨。為了安定人心，便讓過去偷過他東西的仇人頭須，作他的
車夫，駕著車四處周遊。那些曾跟著舊主子逃亡的人，終於相
信了文公是不計前怨的人。由此，晉文公贏得了國人的信任和擁
護，社會迅速安定下來。

周定王元年，楚莊王平定叛亂後，大宴群臣，並讓愛妾許姬
為大臣們敬酒。突然，一陣輕風吹滅了廳堂內的燈燭。黑暗中，
有個人拉著許姬的衣袖調情。許姬不從，順手扯下了他的帽纓，
並告訴莊王，要求掌燈後立即下令查出帽子上沒有纓帶的人。

莊王聽了哈哈大笑，當即宣佈：「請百官們都把帽纓去掉，
以盡情痛飲。」待大家都把帽纓扯下，莊王才下令點燈。這樣，
究竟誰是行為不軌者，已無法分辨。許姬不理解，莊王說：「酒
後狂態，人常有之，倘若治罪，必傷國士之心。」

後來，在吳兵伐楚的戰爭中，有個人奮不顧身，英勇殺敵，
為保衛楚國立了大功。此人名叫唐狡，他就是「先殿上絕纓者

也」。有詩寫道：「暗中牽袂醉情中，玉手如風已絕纓；說君王度江海量，畜魚水忌十分情。」

由此可知，具有大度量，才能團結人心，使用人才。而無論是戰場上還是商場上的勝利，都是與加強內部團結密不可分的。

就拿曹操來講，其當時雖然取得了官渡之戰的勝利，但是袁紹還佔據著冀、幽、青、並四州的大片土地，曹操只有集結更大的力量，乘勝前進，才能平定河北，統一北方。

同時，從整體戰略大棋盤上看，曹操的正面有袁紹，背後和側後有劉表、劉備以及江東實力雄厚的孫權，仍處於內線作戰，並未完全擺脫困境的狀況，此形勢正是急需用人之際。因此，只有從長遠和全局的利益出發，轉消極因素為積極因素，鞏固內部團結，才能繼續勝利進軍。

還需看到，當時秘密寫投降書給袁紹的並不只少許人，而是一批人。試想，若是嚴加追究，必然牽扯面廣，會造成人才大量的流失，也會對整體事業帶來極大不利。

例如一些企業或部門，由於主管的人事變動，初上任者一上來就是「三把火」，其中最重要的一把火往往就是先把「逆我者」屁股燒紅、燒焦，或乾脆讓其滾蛋，不論人才與否概無倖免。這種做法正好是曹操當年的反證，其結果也就不難猜測了。

曹操燒密信，不但安定了人心，防止了人才損失，而且使寫信的人愈加佩服曹操的威德，效忠曹操。這樣，一批被免去追查的人才所激勵出的新能量，要比原來大得多。由於曹操是「未看密信就予燒掉」，也就無「秋後算賬」或「兔死狗烹」的打算與跡象，可讓人真正放心，充分表現出政治家的胸懷。

綜上所述，現代企業家，同樣應持有相當的氣量，不僅向古代典範人物學習，能夠大度地吸收其他群體投奔的成員，或允許本群體內曾有異心的人校正過來，且充分發揮他們的聰明才智，以利於整體事業的興旺發達。

提高「非」權力影響力

一個使用權力的管理者，他對別人的影響，往往是帶有強迫性的。這種管理方法不能縮短領導者與被領導者之間的心理距離，被領導者是被動服從，缺乏自覺性、主動性、積極性。

一個成功的領導者之所以成功，不在於他手中握有的權力，而在於他自身所具有的領導魅力。

大多數成功的領袖，他們自身好像一塊磁鐵，深深地吸引著別人矢志不渝地追隨他們。他們總能激發起人們的狂熱情感，總能驅使人們不停地行動，他們身上體現出來的這種巨大的、宗教般神秘的力量，就是魅力，即「非」權力影響力。

它與權力性影響力具有相反的特點：(1)這種影響力是自然性的，非強制性的；(2)它不是憑藉單純的外力作用，而是被領導者在心悅誠服的心理基礎上，自覺自願地接受影響的過程；(3)領導者與被領導者關係和諧、心理相容。

富蘭克林‧羅斯福在 39 歲時不幸患有一種麻痺症，他的雙腿再也站立不起來了。在大部分時間裡，他不得不坐在輪椅上。儘管病魔纏身，他還是艱難地以頑強的毅力克服一切困難。以他迷人的魅力，傾倒了美國人，他是美國歷史上唯一一位連任四屆的總統。

　　在二戰期間，羅斯福身上那種非凡的個人魅力得到了最大的發揮。為了獲得戰爭貸款，他說服下屬捐獻自己的手錶。

　　羅斯福被他的下屬視為偶像，他的司機也這樣說：「羅斯福是一個非凡的領袖，我們需要他的領導。」

　　羅斯福關心下屬，他奉獻給下屬的是一種母親的愛。在管理美國的十多年時間裡，他從沒有訓斥過一個下屬。

　　海因茨・亞當是聯邦安全委員會的主席，他以詼諧的口吻說道：「如果羅斯福將聯邦安全委員會 1.3 萬雇員集合起來，站在孟斐斯的亨納達大橋上，並喊一聲『跳』，會有 99.9％的人跳進下面水流湍急的密西西比河裡，你可以看出忠誠的力量。」

　　一個人之所以成為領袖，必須有能讓眾人傾倒的魅力，否則他就不是一個真正的領導者，而只是一個管理者。

　　如果你也想做一名優秀的企業家，那麼你就必須培養和發揮你的個人魅力，以吸引你的員工。

　　美國好萊塢最成功的領導人之一肯克萊屋說得好：「明星是被塑造出來的，不是自然天生的。」無論是一個什麼樣的成功者，或是老闆或是學者、乃至美國總統，其實他們的成功者氣質，無不是來自於他們願意努力經營自己的自覺意願，以及讓自己達到成功者特殊地位的堅毅決心而已。

　　無論你是一個成功的企業家，還是一位普通的職員，「成功者氣質」正是讓你越過一些既定的標準，鶴立雞群的某種特質。

　　我們經常會看到，宴會中某個人就像磁鐵一樣，不管他站在哪裡，身邊總是吸引著一堆人圍繞著他。還有一些人，不管他的

頭銜是什麼，總是不由得令人肅然起敬。想想看一些人，不管他在什麼場合出現，都會成為最受歡迎的人，這就是成功者的氣質——成功者的視覺標識。

獲得成功者氣質，獲得這種成功者的視覺標識，沒有捷徑。

首先，你必須先通過某些特定的方法塑造一個成功的自我形象。開始，你必須消除一切畏懼和自我懷疑。只要看穿其本質，畏懼是很容易戰勝的。如果仔細研究一下，你就會發現它們總是既愚蠢又無形的。除了你的思想在作怪外，幾乎什麼也不存在。

害怕失敗可能是最常見的畏懼心理了。但是如果你拒絕接受失敗，你就絕不會失敗。一旦這樣的自我懷疑從頭腦裡被完全趕走，你就可以集中注意力做好更重要的事情。

其次，為了加強成功的自我形象所必要的自信心，你必須作好充分的心理準備，百分之百地相信自己是最好的。這樣，面對一切情形，你都可以隨時掃除可能產生的任何障礙，從而擁有一個成功的自我形象。

本田技研工業公司是世界上最大的摩托製造企業，可是在它創始初期，只有一間破舊車間，員工們都看不到成功的希望，只有企業的主人本田宗一郎，站在一只破舊的箱子上對眾人高喊：「我們要造出世界上第一流的摩托車。」

他的手下沒有一個人能夠相信這句話，但本田本人充滿信心，他也一直以這樣的目標鼓舞、激勵員工，終於本田公司的員工被他的熱情所感動，大家齊心協力，共同朝這一目標奮鬥，竟使本田的產品達到了世界一流。

企業家的個人魅力之所以重要，關鍵是他能夠影響到這個團

體的士氣。一個暮氣沉沉的管理者，是無法領導一個朝氣蓬勃的企業的。

學會讚美你的部屬

在大多數的組織裡，管理者們花很多的時間在挑剔部屬的什麼呢？也許你回答得非常正確──挑部屬的毛病，然後再花時間去批評部屬的不是。作為管理者，如果經常重複這樣的事情，最容易導致部屬自暴自棄，情緒低落，甚至造成上怨下恨，兩敗俱傷的結局。

喜歡讚美，而不喜歡批評，這是人的天性。充分利用這一人性的弱點，會使我們的工作更上一層樓。戴爾·卡內基曾經這樣說過：「當我們想改變別人時，為什麼不用讚美來代替責備呢？縱然部屬只有一點點進步，我們也應該讚美他，因為那樣才能激勵別人不斷地改進自己。」在我們的生活中應盡量少批評別人，讚美則可以多一點點，再多一點點。

除非你想到處樹敵或使你的領導效益降低，否則，你不應在大庭廣眾之下指出某個人的缺點或錯誤。因為在大庭廣眾之下指出某人的缺點或錯誤，你會使這個人感到困窘，以後他不但不願跟隨你，可能一輩子都不會原諒你！

假如在場的人有支持他的，你的敵人就更多了，因此，絕對不要輕易嘗試！在大庭廣眾之下批評人是管理之大忌，在現實生活中是應予以絕對避免的。

作為管理者，要經常找出部屬做的對的事情，給予讚美，協助部屬發揮最大的潛力。讚美是合乎人情的領導方法，在強調以

人為本的現代管理中，讚美被譽為暢行全球的「通行證」。適當得體的讚美，會使你的部屬感到很開心，很快樂。

《一分鐘經理人》一書的作者肯・布蘭查特博士，也是一個特別強調「讚美」的可貴性與正面性的學者。他說讚美會使你的部屬有這樣的感受：「他很清楚地讚美我的表現，我就知道他是真摯地關心我，尊重我，並且很熟悉我的工作內容。」人人都渴望讚美，人人都渴望被重視，管理者要時刻牢記心中。

管理者在讚美部屬的同時，你也會得到意想不到的回報，那就是你的部屬感受到自己的表現受到肯定和重視時，他們會以感恩之心表現得愈來愈出色，愈來愈精彩，業績常常超出你的想像。

一有機會就要讚美你的部屬，永遠不要嫌多。讚美你的部屬可以用真誠的微笑來示意或表達，許多人都支持這樣的說法：微笑的力量無堅不摧，微笑是最好的領導。不過，讚美最直接的方法，還是用語言表達來讚美別人，增進你的讚美能力可以採用以下幾種方法：

1. 讚美前要培養關愛部屬和欣賞部屬的心態，這是令你產生讚美意願的唯一方法。

2. 讚美時要找出值得讚美的事情。

3. 讚美的態度要真誠。

4. 讚美時最好能配合你關愛部屬的眼神和肢體語言，達到和諧統一，產生強烈的震撼力，以求得更好的讚美效果。

5. 一經發現部屬的優點，應立即讚美他，為他打氣，「馬後炮」的效果就「差之毫釐，失之千里」了，讚美一定要及時。

6. 一定要讓部屬知道你感到自豪或感到高興的心情。

7. 讚美要講究語言表達的技巧。

在現實生活中，不少管理者普遍存在這樣的幼稚看法：部屬做好、做對事情是天經地義的，是他應盡的義務，何須勞神費力地去讚美他們？至於做錯事情或事情沒做好，則是不可原諒的，必須立刻加以批評或斥責。如果哪位管理者仍存有這種過時的、落伍的想法的話，應該立即徹底全面地加以根除。

當然，我們不是要各位管理者永遠不要批評、責備你的部屬。當你的部屬犯有過錯時，假使你不能適時適地地表達你的感受或看法，那你就是在縱容他的過錯，遲早會慣壞他，這是非常嚴重的管理錯誤。

現代管理不是規定做管理者的不該批評部屬，只是在批評時要特別講求技巧，否則會對管理的效果造成破壞性。那麼到底怎樣才算是正確而有效的批評呢？下面幾種批評的方法在實際生活與工作中相當有效，不妨一試：

1. 批評要對事不對人。

2. 具體清楚地告訴部屬錯在何處。

3. 讓部屬清楚地知道你對這項過錯的感受。

4. 不要在有第三者在場的場合下公開責備部屬。

5. 批評部屬時不可情緒衝動。

6. 對女性進行批評時，最好採取較柔和的方式。

7. 不要只有批評而不讚美。

在現實生活中，領導者們總結了一套經常採用的被人們形象地概括為「夾心餅」式的批評方式，又叫做「三明治」式批評，

簡單地表述為「讚美＋批評＋讚美」。

在《談人的管理》一書中，玫琳凱‧艾施詳述了這種批評人的「藝術奧妙」：「我不認為管理人員批評部屬永遠都是適當的，『不要光批評而不讚美』，這是我嚴格遵守的一項原則。不管你要批評的是什麼，你必須找出對方的長處來讚美，批評前和批評後都要這麼做。這就是我所謂的『三明治政策』。」

批評是針對行為，而非批評人，在討論問題之前和之後，不要忘了讚美，而且要試著以友善的口吻來結束。用這種方法處理問題，不會使部屬遭到太過無情的責難或尷尬，或引起部屬的憤怒。身為管理者，假如你要贏得部屬更多的忠誠，你必須對他們多讚美、少批評而且要揚善於公堂，規過於暗室。

讚美並非愈多愈好

讚美是一種報答和激勵他人的有力工具。那麼，給人以讚美自然就多多益善，是嗎？

不，你錯了！讚美正如其他任何強大威力的工具，如果你不知道怎樣善加運用，那麼它不但毫無用處，甚至會導致危險。

在某些人看來，讚美是一劑萬能良藥，可治癒創傷、撫慰脆弱的感情。然而有些人覺得，讚美更像一杯咖啡，可使他們感到溫暖、刺激和帶來一種幸福感。當然，沒有讚美他們同樣能好好地生活著，但是偶爾來一杯熱咖啡一樣的讚美，自然會使工作倍添樂趣和幹勁。

不幸的是，讚美有時並非這樣單純。它會讓人上癮！就像常服麻醉品會上癮一樣，生活中也不乏接受讚美成癮的人。

一個人一旦聽讚美成了癮，那就太可悲了。他渴望許多的讚美來滿足自尊心的饑渴，為了得到讚美，他幾乎可以不顧一切。他所需的讚美劑量必須逐漸加大才能令他滿足。

問題是不久麻煩就會開始：如果你被認為沒給他「應得的讚美」，就會引發他的憤恨與抱怨。他總以為自己很了不起（其實那是由於浮誇讚美而造成的虛幻身價），也許因為你無法繼續滿足他的虛榮與自大而與你反目成仇。

在瞭解了過多讚美的弊端之後，來看看讚美的正面價值和用途。

讚美是工作、生活的調味品，適量為佳。讚美的價值基於多種因素而定：你給了多少讚美？是什麼樣的讚美？對誰讚美……這都是決定讚美有無價值和效用的因素。

譬如，你是不是一個不輕易讚美他人的人？如若是，那麼即便你說：「你這個人不錯。」這樣一句平淡的話，也會被對方當作最高的讚美。反之，如果你平素一向不吝讚美，那麼同樣一句簡單的讚美，也會由於不含你平日言談中華麗的詞藻而導致對方不快，甚至誤解，尤其是對方有「讚美癮」的話。

暫時保留對人的讚美，有時和給予讚美具有同樣的力量，或者效果更佳。可也必須注意到：有些人在得到讚美後，反而會變懶散，就像有人在飽餐美食一頓後，會滿足地大睡一番一樣。喜歡聽讚美的人，給予他的讚美最好適可而止，只要對方滿意了，就可「煞車」。

給人讚美，最好能與其他獎酬相配合。如果一個人獲得了高度讚揚，同時還得到晉升，那才是真正有意義的讚美。反之，若

僅僅獲得讚美，而晉升的承諾卻遲遲不兌現，那麼對方就會認為這一讚美不過是廉價的替代品而已。

讚美可分為兩類：真誠的和虛偽的。虛偽的讚美是一種阿諛奉承，在不嚴肅的愛情中可能會有若干輕微的作用，但在事業奮鬥中卻派不上絲毫用場。授人以虛偽的讚美，就等於在玷汙被你讚美的人的同時，玷汙你自己。

怎樣表達讚美是一門藝術，有的人讚美人時往往顯得很勉強和矯揉造作，他給人的讚美仿佛有一層煙霧，缺乏誠意。同時有「賣弄」自己讚美能力之嫌。結果雖然看似在讚美別人，其實卻顯出更企望別人來讚美他。

有的人所給予的讚美，是從容和流暢的。他所給的讚美也許比較少，然而卻由於讚美方式不同，使他表達的讚美往往更有意義，更顯得自然。

行家給人的讚美有諸多不同方式。他也許只是細心傾聽你的敘述，但那正是他對你的讚美；他或許流露出自己有某一弱點來間接襯托你的優點，那也是他給予你的讚美；他也可能在你的朋友那裡讚美你，就和面對面讚美你一樣真誠。

讚美、尊敬和榮譽，這些都是我們每一個人所需求的，要知道，沒有任何一個人能對真誠的讚美毫不動心。物質的獎勵以及其他有形的酬賞都比不上發自別人內心的讚美。

如果你希望你所給予的讚美能有助於你事業的成功，那麼對於別人應得的讚美就切莫吝嗇施予。這樣的讚美，既能使對方感謝你的真摯，也會促使他努力去獲取他應得的讚美。

善待別人，醞釀隱藏的人力

善待你生活中的每一個人，他們也就會善待你。生活中的每一個人，無論是默默無聞還是身世顯赫，也無論是文明還是野蠻，年輕還是年老，無論是你門前釘鞋的師傅還是居委會管事的，還是大街上開計程車的，都有一種成為重要人物的願望。

這種願望是我們人類最強烈、最迫切的一種目標。或許正因為瞭解了這一點，我們在各類廣告中都能看到這樣的字眼：「聰明的人都會使用……」「鑒賞力高超的人士都會使用我們的……」「想成為人人羨慕的對象就要使用……」這些廣告標語都在不斷地告訴你：購買了這項產品，就會成為被人們注目的人物，使你感到心滿意足，因此值得你去購買。

社會上絕大多數人，實際上不可能成為令人注目的公眾人物，一個村婦也不會因為使用了某個東西而成為貴婦，而且，購買某種產品的人也未必見得每個人都是聰明人。但是，這些廣告卻利用了人們希望成為重要人物的願望而大賺其財。

由此可見，只要滿足了別人的這種願望，使他們覺得自己重要，你就能很快地走上成功的大道。這種滿足別人成為重要人物的願望，的確是成功百寶箱裡的一件寶貝。那麼，我們究竟應該怎麼做，才能滿足別人的這種願望呢？

我們大多數人做理論探討時誇誇其談，但只要將這種理論轉化到實際生活之中，往往就會忽略一些重要的東西，如忽略「每個人都希望成為重要人物」這個觀念。在我們的生活中，我們聽到最多的是「你算老幾」、「你算個什麼東西」、「你說的話分文

不值」等等這樣的話。

而人們之所以如此對待他人，傷害他想成為重要人物的想法，是因為大部分人看到別人，尤其是那些似乎無關輕重的「小人物」時，總是在想：他對我來說無所謂，他不能幫我什麼，因此他很不重要。

事實上，每個人，不管他的身分多麼微不足道，地位多麼的低賤，薪水少得屈指可數，他對你都很重要。道理很簡單，就僅僅因為他是個人。所以，當你滿足了他的願望，使他意識到他對你很重要時，他就會更加賣力，對你加倍地友好。

有位公車司機，是個脾氣異常暴躁的大老粗，曾經幾十次、幾百次地甩下再有兩秒鐘就可以趕上的乘客，所以，口碑極差。但是，他卻對一位跟他非親非故的乘客特別關照，不管多晚，這位司機一定會等他上車。為什麼呢？就因為這位乘客想辦法使司機覺得自己很重要。

那位乘客每天早上一上車都會跟司機打個招呼：「早安啊。」有時他會坐在司機旁邊，跟他說些無關痛癢卻很中聽的話語，例如：「你開車的責任很重呢！」「你開車的技術很好！」「你每天都在擁擠不堪的馬路上開車，真有耐心！真了不起！」等等。

於是，就將這位司機捧得飄飄欲仙，這位司機想成為一個重要人物的願望得到了極大的滿足，對那位說他好話的乘客自然就另眼看待了。如果你能像那位乘客一樣善待每一個人，能夠滿足他們成為一個重要人物的願望，並且長期地堅持下去的話，你就會在你的事業上取得成功。

1970 年代，AVX 向京瓷提出要廢除一份已然簽署，但他們

卻認為不太合理的契約書。AVX 的這種要求其實頗為無理，換做其他企業必定不予理會。但稻盛和夫卻同意了，放棄了巨大利益而對協議進行修改。

結果這次讓步，為他在 10 多年以後，帶來數倍的收益。1989 年，京瓷對 AVX 提出收購案，至 1996 年，AVX 給京瓷帶來了 346 億日元的股票利潤。

稻盛和夫說：「這是利他之心的回報，為對方著想似乎傷害了自己的利益，但卻帶來意想不到的成果。」

慈悲於心寬懷設想

從事經營管理的人，應該有一顆慈悲為懷的心，尤其是領導者更應具有這種胸懷。松下幸之助講了這樣一件事：「我在生意場上曾與人發生糾紛。當時有人出面仲裁勸和，他說：『松下先生，這件事你就認輸好了，要贏是可以贏的，但你應考慮到你的屬下。為了自己的屬下，你可以輸掉這場糾紛。一個領導者也應替屬下設想，並有委曲求全的胸襟才對呀。』當時我很感動，他說得很有理，有責任地位的人，是該有慈悲為懷的胸襟。」

沒有慈悲心的人，與禽獸無異。請不要忘記這個道理。

只有在不斷反省中，老闆才能把自己的工作做得更好，而不總是在原地徘徊，在低水準層次上一再重演失敗的故事。

松下幸之助先生有個令事業急速成長的秘訣：知人善任。松下十分信賴部屬，且善於運用領導權，故能令部屬充分發揮所具潛能而如虎添翼，堪稱知人善用之典範。

松下自己獨立經營松下電器不久，即獲得各界好評，這當然

得歸於松下產品十分精良之故。而一般人對於製造方法，絕不輕易告知親戚朋友，至於外人，更不得窺其殿堂。然而，松下的作風卻與眾不同，只要是其手下之工作人員，不分親疏，莫不傾囊相授。

「這麼重要的機密不應隨便傳授，否則容易被人仿造。」曾經有人給予松下忠告。

「我們必然是充分信賴部屬，方才決定錄用他。像我這樣傳授他們一點訣竅，有什麼不妥，而值得擔心的呢？如果不肯對部屬坦誠相待，對事業發展的前途而言，十分不利。」

「用人得當，賓主盡歡的經營方式，相信是促使我的事業迅速發展與成長的主要因素。」松下先生也曾如此表述他的意見。

就松下的經驗而言，吃裡扒外的人固然有，但是小瑕疵無損大局，並不影響他的巧妙用人法，因此其事業蒸蒸日上。他認為唯有充分信賴部屬，才能令他們毫無保留地發揮潛能，這即是他的用人觀。這亦可說是松下先生自無數經驗之中所獲的經營哲學，所謂「士為知己者死」，即是這個道理。

唯有百般信賴對方，對方才會甘效犬馬之勞，即使要赴湯蹈火，亦在所不辭。世事如果盡如人意，當然一切都是很簡單。但是，人算不如天算，難免遇到一些不肖之徒，儘管赤誠相待，還是做出吃裡扒外的勾當。

此時，問題在於領導者本身，如何施予適當的控制，使其無大洞可鑽。這完全得憑領導者的先見之明與聰明才智來克服，倘若有足夠的睿智駕馭部屬，則不肖之徒亦無法為非作歹。

因為松下先生具有這種超人的能力，故可令所信任的人，充

分發揮其潛能。要相信一個人，十分不易，因此，信人者，人恒信之。

小決策大學問

或許你會說：「高級管理層每天都不會有很多決策，更何況員工。」但是，據管理學專家及一些大企業對高級管理層所做的調查發現，各級管理層每天需要對 77 件～ 583 件事做出決策，而人們普遍做出的反應是或者等待，或者做出選擇，採取行動。

其實，無論是高級管理人員還是一線的領班，每天都需要對許多事情做出決策，一些看似簡單或無關緊要的決策，實際上卻異常重要。

一位看板製作商，他的工作主要是把客戶的構想繪製在膠合板上，通常是 60 英尺 ×35 英尺。有人認為他的工作純粹是複製，根本不需要做什麼決策。但是，他卻認為「我需要做出無數決策，從看板的重量、色彩、質地到效果。」

儘管他工作的整個框架已經固定，但是，他卻需要面對許許多多的小決策，而這些小決策疊加起來卻會產生巨大效果。也就是說，同樣承擔同一公司業務的人，製做出的看板肯定有差異。

我們來分析一下飯店服務員的工作。在客人出現在餐廳時，他們有各種選擇，可以忽視客人的到來，也可以面對顧客微笑著說：「歡迎光臨，您需要什麼？」那些負責清理餐桌的服務員，則需要決定在一個客人已經用完餐，而同桌另一位客人仍在用餐的情況下，是否可以清理、如何清理餐桌，而負責為客人添加飲料的人員，又需要尋找添加時機。

也就是說，對於服務員來說，在從觀察到行動的過程中需要做出許多決策，而所做出的決策將決定顧客對該餐廳的印象，進而決定餐廳的效益。

不僅僅旅館、餐廳、醫院、航空公司等服務機構的員工每天需要做出無數決策，研究單位、鋼鐵公司、軟體公司、電信局、商業會計事務所、火車生產線的員工們……也會面臨決策。

儘管不同的企業有不同內容、不同程度的決策，但是，他們仍需要就出現的問題做決策。例如，對面前的事是想辦法解決，還是頂回去？對生產線出現的問題是關注，還是隨它去？對客人報以微笑，還是冷漠地做「好」本職工作？儘管有些時候一些決策「看不見」，企業管理層絕不能忽視它們。

不論是什麼類型的企業和機構，每個員工都需要做出決策，因此，企業高級管理層應當適當放權，一方面讓員工感到自己是企業的重要組成部分；另一方面培養員工處理問題的能力，在問題剛出現時能夠立即給出恰當決策，並立即行動。

有人可能會說：「即便員工每天都需要做出許多決策，但是這些小決策疊加起來也不及整個企業做出的戰略性決策。」這個觀點是錯誤的。誠然，企業戰略性決策決定企業的發展方向，但是，這些非戰略性決策疊加起來卻會產生巨大效應。

現在的問題並不是小決策是否具有影響力，而是如何使它們有效結合起來產生正面效果。一家中型企業的副總裁曾經去一家商店為好友選購禮物，她在那兒等了近 20 分鐘，幾個服務員都沒有理她。她後來這樣描述：「我不介意等多久，但是我很生氣他們對我的態度。我站在那裡，沒有一個服務員注意到我的存

在，沒有一個人看我。

「有兩個服務員的確忙碌，但是第三個服務員空閒下來也根本不理睬我，他也不告訴我『請等一會兒』或者『請您先隨便看看』，他們什麼都不說，也不向我點頭。最終，他注意到我，但毫無抱歉之意，他使我覺得我根本不是個人而是件物品。從那以後，我下決心再不跨入這家商店的門，永遠不會！」

儘管多年後這家商店已有很大改觀，而且營業額也大漲，但是這位「固執」的女士還是記得多年前的不快印象。由此可見，員工做出的不恰當決策會使企業承受多大損失。

前北歐航空公司最高副業務主管詹・卡爾佐統計發現，第一線的員工每天需做出大約 17 萬個大大小小的決策。當他升任最高業務主管時，公司每年的客流量已經達到 1000 萬，員工與顧客的接觸機會達 5000 萬次。因此，員工的服務狀況將直接影響公司的效益。

他說：「員工每天做出的決策會產生正面效果和負面效果，我們盡量避免負面效果。可以說，這是決定公司成敗的關鍵因素。」企業應適當放權，但不難發現，許多企業都不能把決策權充分授予員工，這是因為，儘管強調員工的決策具有重要作用，但是，這種作用卻幾乎是無形的。

因此，大多數企業對員工的決策和行動，進行直接而全面的監督、干涉和控制。美國的商業戰略專家詹奎茲認為：每個員工任何時候都會做出決策，而這些決策與他們擁有的決策權和判斷力有關。一個優秀的管理者應該適當放權，使員工的才能充分發揮出來，因為，員工對公司瞭解的程度絕對不比高級管理層差。

以航空公司為例，上級領導層有權決定機票是否漲價，而服務小姐將決定對客人採取何種態度，她們可以站在機艙口不讓飲過酒的顧客登機，可以按常規進行規範服務，可以對身體虛弱者給予關照……此時產生的效果則決定顧客對該航空公司的印象，進而影響公司效益。

公司高級管理層從做出戰略性決策到付諸實施的時間可能是幾年。而在此期間，每個員工做出的數百萬個決策所具有的影響力則是巨大的，公司的潛在客戶可能因此增加或減少。儘管上層決策者做出的決策與航線、中樞調度等有直接關係，但是，員工做出的小決策會對這些大決策產生影響。

不論是高級管理層還是員工，不論是大決策還是小決策，人們的判斷力、擁有的決策權和給予的建議至關重要，它們將影響決策本身和最終效果。正如詹奎茲所言：員工的判斷力、決策權和建議是任何一項工作的組成部分，不論工作特性如何，也不論處於哪個決策層。

然而，一些管理人員認為，授權給員工，讓員工做決策將使企業變得混亂不堪，無法管理，而設立的規則和管理層愈多，對員工進行的監督愈全面，給他們「胡想」的機會愈少，愈好控制局面，自己的決策才能貫徹下去。

但是，有兩個方面需要注意：第一，任何企業不可能100%的控制員工的工作。一定程度上講，員工不得不使用自己的判斷力；第二，全部控制員工的決策權只會產生最低效果。

交響樂團指揮的控制權看起來很大，演奏人員絕不可能按自己的興趣隨便演奏，指揮實際上控制著整個表演過程的各個方

面。因此，可以說，他 (她) 具有 100% 的控制權，每個演奏人員必須聽從指揮。

但是，交響樂團的一個成員說：「一個偉大的指揮家最具魅力的地方，就是用最微妙的手勢產生巨大效果，他讓你瞭解他的意圖和期望獲得的效果，他通過指揮棒瞭解每個演奏人員的能力，他需要和諧和力度，他給每個人充分決定權。但是，如果你愈想控制，獲得的效果愈糟，到頭來就只剩下生氣了。」

因此，完全控制是不可能的。即便可能，在今天競爭激烈的商業環境中也不應該如此，否則你將因為自己的管理失策而失去市場優勢。應該說，任何一個領域都要遵循一個原則，那就是——給員工一定的決策權。

8 CHAPTER

抓好做事的關鍵

> 學會在做決定時拋開僵化的是非觀念，那你就能輕而易舉地做出決定。各種選擇的結果只是不同而已沒有對錯的區別。

勇於解決棘手問題

領導者的能力常表現在什麼地方呢？可以肯定地說，能否在關鍵時刻大顯才智，則為一點。大家知道，在一些重要的關頭，領導者也會碰到棘手的難題，如果在此關鍵時刻，其他同事都束手無策的時候，你卻挺身而出，使問題迎刃而解，那麼你就會贏得大家的認可和讚揚。

美國船王丹尼爾‧洛維格最初創業的時候是白手起家的。

第一筆生意是在小時候從父親那裡借來 50 美元，將一艘沈入海底約 26 英尺的柴油機動船打撈出來，用 4 個月的時間將它修好，再承包給別人，從中獲利 500 美元。

長大後的洛維格找工作處處碰壁，債務纏身，常在破產邊緣。在快 30 歲的時候，他轉向銀行借款，希望買一艘標準規格的舊貨輪來改造成油輪。但因為沒有擔保品，銀行無法答應借貸。於是，洛維格又轉了個念頭，他將自己那艘破船，租給一家

石油公司，然後告訴銀行的經理，自己有一艘被石油公司包租的油輪，每月的租金剛好可以支付銀行貸款的利息。一番交涉下，銀行終於決定給他貸款。

洛維格的算盤打的好，準確的看中了該家石油公司的口碑，而且租金又正好足夠抵付利息。後來，洛維格用貸款買到了那艘舊貨輪，並加以改裝後使其變成一艘航運能力較強的油輪，再用同樣的方式將它租了出去，並換取另一筆貸款，然後又買了一艘船。就這樣，他的船越來越多，隨著貸款的還清，就像滾雪球般，他逐漸擁有了自己的船，並成為了美國的船王。

關鍵時刻的難題最能考驗人，所以必須具備衝上去的勇氣。有的領導者確實有才能，但害怕困難，或者採取事不關己的明哲保身態度，因而不敢在緊要關頭站出來，自己的才能也不會表現出來。

其實，領導者儘管不是毛遂，但敢於在關鍵時刻挺身而出，可以說是大家的老師。毛遂自薦隨平原君到楚國談判合作的軍國大事，平原君與楚王談了大半天也沒結果，主要是楚王有顧慮，決意不下。

眼看談判要以失敗告終，隨行的其他 19 個人都一致推舉毛遂出馬，考驗他的時候來了。毛遂鼓足勇氣，問：「從之利害，兩言而決耳。今日出而言，日中不決，何也？」楚王得知毛遂是平原君的幕僚後大怒道：「胡不下！吾乃與汝君言，汝何為者也！」毛遂受辱但毫不含糊，提劍逼近楚王，以三寸不爛之舌說服了楚王，平原君出使楚國最終大功告成。

這一次出使楚國，使平原君認識到了毛遂的價值，讚歎說：

「毛先生一至楚，而使趙重於九鼎大呂。毛先生以三寸之舌，彊於百萬之師。」後來把毛遂作為上客看待。毛遂固然有才，但在這裡他表現出了很大的勇氣，可以說是智勇雙全才獲得了成功。

有智無勇或有勇無謀均不能成功。培根先生曾說過一段與此關聯的話為證：「如果問：在政治中最重要的才能是什麼？那麼回答是：第一，大膽，第二，大膽，第三，還是大膽。」同樣，如果要問：在關鍵時刻獲得賞識的東西是什麼？那麼回答是：第一，勇氣，第二，勇氣，第三，還是勇氣。

但是，單憑滿腔熱情和勇氣並不夠。關鍵時刻表現出色還必須知彼知己，方能百戰不殆。馬謖雖然具備了足夠的勇氣使他承擔了守街亭的重任，但他並不瞭解敵我雙方的情況，沒有認真觀察地形，同時剛愎自用，不聽勸諫，於是糊里糊塗打了敗仗。

古語也說：沒有金鋼鑽，不攬瓷器活。既不能正確估價自己的能力，也不能估計事情的難度，勢必有很大盲目性。馬謖在估價自己時認為「某自幼熟讀兵書，頗知兵法。豈一街亭不能守耶？」馬謖在估價對手時放言：「休道司馬懿、張郃，便是曹叡親來，有何懼哉！」

馬謖看了街亭地勢後，嘲笑諸葛亮多心，違背諸葛亮的交代駐軍在山頭上，還執意不聽王平的勸告。這些失誤沒有理由不導致失敗。如果馬謖能正確分析敵我形勢，不致於到這種結局。而諸葛亮在失街亭後，所做出的決定表明他是智勇雙全的領導者！

作為領導者，要善於把握關鍵時刻獲得下屬的信任和重視，這就要求，一方面要善於把握某些關鍵時刻，另一方面也要善於把某些時刻變為關鍵時刻，善於創造關鍵時刻。

對於關鍵時刻的把握是一個領導者能力的體現。有的領導者平時並不見得有什麼過人之處，但在一些非常關鍵的場合下，他卻表現得盡善盡美。只要你智勇雙全，又善於把握關鍵時刻表現自己，也就很容易得到下屬的肯定了。

培養果斷決策的工作習慣

優柔寡斷的壞處，不只是在你反復考慮之間喪失了成功的機會，它給人最大的負擔是精神上的壓力。在慎重行事的同時，少一分猶豫，就多一分成功的可能。

一個人的成功與他善於抓住有利時機，果斷做出決策休戚相關。不管事情大小，果斷出擊總比怨天尤人、猶豫不決更為有益。果斷決策，絕不拖延是成功人士的作風，而猶豫不決、優柔寡斷則是平庸之輩的共性。

由此可見，不同的態度會產生不同的結果，如果你具備了果斷決策的能力，必然會在殘酷而又激烈的競爭中，創造出輝煌的業績。所以，只要你現在排除猶豫不決的工作態度，果斷採取行動，就能達到你預期的目的，你也會不斷地走向成功。

如果你想消除猶豫的毛病，養成果斷決策的習慣，就要馬上從今天開始，永遠不要等到明天，強迫自己去練習，切勿猶豫。

在你決定某一件事情之前，你應該對各方面的情況有所瞭解，你應該運用全部的常識和理智慎重地思考，給自己充分的時間去想問題。一旦做好了心理準備，就要果斷決定，一經決定，就不要輕易反悔。

如果發現好的機會，你就必須抓緊時間，馬上採取行動，才

不致於貽誤時機。不要對一個問題不停地思考，一會兒想到這一方面，一會兒又想到那一方面。你該把你的決定，作為最後不變的決定。這種迅速決斷的習慣養成以後，你便能產生一種相信自己的自信。如果猶豫、觀望，而不敢決定，機會就會悄然流逝，後悔莫及。

另外，你還要見機行事，學會果斷應變。當好機會出現時，要敢於抓住時機，扭轉航向。當壞的消息傳到時，要敢於甩手拋棄。在職場能成功的人，就是在面臨決策抉擇時，能夠沉著、客觀、冷靜地分析各種情況並能夠果斷決策的人。

有時，在兩難的情況下做出決策確實不容易。但是，不管是對還是錯，你一定要速做決定，因為你必須採取行動。

那些害怕做決定的人們，不管是怕老闆指責自己，還是擔心會丟掉工作，或者任何其他能找到的放棄對自己工作的控制權的理由，都得記住，你們在消極地選擇不做決定時，其實已經做出了選擇。與其決定被動地讓工作控制你，不如你做出決定來控制工作。

學會在做決定時拋開僵化的是非觀念，那你就會輕而易舉地做出決定。你不應將各種可能的結果看作對的或錯的、好的或壞的，甚至不應該視為更好的或更差的。各種選擇的結果只是不同而已，沒有對錯的區別。

只要你不再採用自我挫敗性的是非標準，你就會認識到，每當你做出不同的決定時，你只是在權衡哪一種結果。倘若你事後後悔自己的決定，並且認識到後悔是浪費時間，下一次你就會做出不同的決定，以達到你的期望。但是無論如何，絕不要以「正

確」或「錯誤」來形容自己的決定。

　　你最好認識到，果斷決策者難免會發生錯誤，但是，這無疑比那些猶豫者做事迅速，猶豫者根本就不敢開始工作。而且，就你由此所得到的自信力，可被他人所依賴的信賴感等來說，要比喪失決策力有價值的多。不做決定，你就會失去了向失敗挑戰的勇氣和決心。

　　當然，這種在兩難中做出選擇的勇氣，必須伴隨著看清問題的敏銳洞察力。如果沒有經過思考，沒有看清問題，只有不顧後果的勇氣，以為即使下錯決定也無所謂，那就很危險了。沒有經過慎重思考就盲目決定的勇氣，只不過是匹夫之勇而已。

相信自己，當斷則斷

　　古人云：「慈不掌兵。」在你的公司裡，肯定會時常有人向你提出帶有誘惑性的請求，也許這種請求之中同時還有某種許諾，比如你的一位部屬找到你，略帶慚愧，但又仿佛壯志在胸地對你說：「如果你不太計較我這個月的那幾次缺勤，我保證會更好的工作。」

　　這種說法也許會使你捫心自問：「下屬都把未來交給我了，我還能鐵石心腸嗎？」在另外有些時候，下屬的請求又近乎於敲詐，比如：「我不會告訴其他人的，特別是汪經理，說你把檔案搞丟了，但我太想休假了……」

　　人的素質是參差不齊的。每個公司裡都有素質較差的人，或者成績平平甚至起反作用的人。這些人也許有的很有背景，也許有的與領導者還有親屬關係。一旦這些人犯了錯誤，職員們都看

在眼裡，這樣領導者的形象便會受到嚴峻的考驗。

如果你採取果斷的措施，對他們及時說「不」，那麼你的威信很快便樹立起來了。如果你猶猶豫豫又怕破壞了上下級友好關係，又害怕影響公司整體風氣的提高，前怕狼後怕虎。當你躊躇於如何做出決定時，你用幾年時間確立起來的高大形象就可能大大貶值，企業風氣也會滑坡，甚至會毀於一旦。

領導者的權威體現在下達命令和分派任務上。作為領導者，一定要勇於言「不」，發現問題，當機立斷，即使在不接受你任務的下屬面前，你也不可失掉你的權威。你必須使下屬懂得無條件服從，在行動上必須堅持接受任務。如果一個領導者沒有這種威嚴，那就實在難以推動公司全局的工作。

齊威王當政以後，委政地卿大夫，9年之間，國勢衰微，鄰近諸侯紛紛來犯。齊威王下定決心，要徹底整頓國家政務。朝廷裡，經常有人講即墨大夫如何如何腐敗。齊威王便派人到即墨去調查情況，發現物豐人喜，人民安居樂業，官府沒有積壓的公事，邊境也安寧無事。於是，再有人參奏即墨大夫，齊威王都斷言回絕，且怒斥之。

同時，齊威王聽到最多的好話都是頌揚阿城大夫的，說阿城大夫治理阿城如何井井有條。他打算把阿城大夫立為典型，作為群臣學習的榜樣。於是，派人去搜集他的優秀事蹟，可是那人回來向他報告說：「阿城田野荒蕪，官府腐敗，民不聊生。」齊威王當即下令將阿城大夫斬首示眾。很多大臣都來為其求情，但齊威王對他們置之不理，堅決地將阿城大夫處死了。

事後才知道，原來那些為阿城大夫求情、說好話的人，都是

因為接受了阿城大夫的賄賂，而那些說即墨大夫壞話的人，則是因為即墨大夫不向他們送禮送錢。齊威王大怒，把那些巧言令色的人們都給予了嚴厲的處罰。從此，齊國人都受到了極大的震動，人們再也不敢搬弄是非，混淆視聽了，齊國國力也日漸昌盛。

要說出「不」來是要付出代價的，但你要記住由此而帶來的收益要遠大於此。作為領導者，你常常會遇到下屬對你說：「我們都知道老李不太符合當下一屆負責人的條件，但他確實為公司工作了大半輩子，沒有功勞也有苦勞啊！況且大家都很支持他。」

這種帶有極大攻心的意見，極有可能會讓你在關鍵問題上放棄了原則，使其他人用一種巧妙的方式，來促使你放棄原來的最佳選擇。

也許，你完全可以很容易的將所有的決定「順乎民心」，但你必須清楚的認識到，當你在做出決定的時候，你並不是出於決策合理化的考慮，而是出於對自身利益或者其他員工的意願考慮。此時，企業的人際關係是「差之毫釐，繆以千里」的影響，你會使那些傳統文化中的庸俗部分死灰復燃，在你的公司中腐蝕它健康的肌體。

「在決斷之際，企業的最高領導人是孤獨的。」畢竟人在高處，有時候就是需要你堅決的做出選擇，勇敢地對你的下屬說「不」。這不僅意味著你的尊嚴，還體現著公司的一貫原則與處事風格。如此一來，每個人都會在這樣的原則約束下，使彼此的關係更加親密、健康，公司積極向上的氣氛才會很好的營造起來。

▮ 與下屬共同承擔責任

在用人過程中，領導者不僅應該讓下屬承擔相應的責任，使他承受一定的壓力，而且自己也應該承擔一份責任，雙方職責分明，榮辱與共，這就是與下屬共同承擔責任的全部含義。

為什麼在用人過程中，領導者要十分強調與下屬共同承擔責任呢？

道理很簡單，任何下屬在接受上級委派的任務時，都會產生強烈地追求「安全」的心理要求。這種心理要求，具體表現在兩個方面：其一，對自己，最好少承擔甚至不承擔責任，尤其是在接受沒有多少「把握」的任務時，更希望上級能讓自己「不承擔」明確的責任。

其二，對上級，希望能替自己多分擔一些責任，倘若能聽到上級這樣說：「你就大膽做吧，出了問題我負責。」那就再好不過了。顯而易見，前一種心理要求，含有很多消極因素，容易使下屬滋生不思進取、畏縮不前的惰性；而後一種心理要求，卻是正當合理的，應該予以適當滿足。

俗話說得好：「壓力出水準。」領導者在交給下屬某項任務時，不應僅賦予他相應的權和利，還應讓他承擔與其職權相稱的一份責任，這樣做，能使他感到有一種壓力在驅使他勇往直前。

而一定的壓力，能轉化成一定的動力，又能轉化成一定的效率和水準。在這裡，關鍵在於掌握好壓力的「力度」。壓力過大，會把下屬壓垮，使其不敢接受任務；壓力過小，又起不到鞭策、鼓勵作用。唯有壓力適度，責任與職權相稱，下屬才能出色

地完成任務。

在讓下屬承擔相應責任的同時，領導者也別「忘了」承擔自己應負的一份責任。因為自己做出的決策，並非「萬無一失」、「絕對正確」，其中很可能包含著不正確的因素，有時甚至是完全錯誤的。

再加上下屬在執行任務的過程中，還會受到多種不確定因素的干擾和制約。因此，誰也不能保證下屬的「行為軌跡」會完全沿著領導者的「思維軌跡」前進，即使遇到暫時的挫折和失敗，也是不難理解的。

因此，敢於為下屬撐腰壯膽，敢於在必要時替下屬分擔責任，不僅體現了一個領導者的道德品質和領導水準，而且直接關係到上下級之間能否建立起互相信賴、互相支持的融洽關係，關係到整個管理機器能否正常運轉。

倘若下屬偶有過失，領導者就把他當作「代罪羔羊」拋出去，而自己卻不承擔絲毫責任。那麼，還有哪個下屬願意再為這樣的領導者「效勞」呢？

在通常情況下，下屬儘管存有希望少承擔甚至不承擔責任的心理要求，但他自己也認為這只不過是一種不切實際的「奢望」。只要領導者能夠實事求是地按照委派任務的性質，讓下屬明確承擔相應的責任，下屬一般還是願意接受的。

問題的關鍵在於，幾乎每個下屬都希望領導者能夠替自己分擔一些責任，對於這一正當的心理要求，倘若領導者不能痛快地予以滿足(哪怕「部分」滿足)，則下屬是絕難忍受的。一旦遇到是非糾葛，下屬就會為了自衛而對領導者做出強烈反應。

　　由此觀之，與下屬共同承擔責任，關鍵不在如何滿足下屬的第一種心理需求，而在於能否盡力滿足下屬的第二種心理需求。在這方面，各級領導者應注意以下 6 點：

1. 向下屬分派任務時，領導者不應故意回避自己應承擔的一份責任，這是處理好上下級關係的大前提。

2. 領導者必須明確區分哪些是下屬應負的直接責任，哪些是自己應負的領導責任，絕不要含糊其詞，模棱兩可，讓下屬聽了心裡沒底，或者感到「安全係數」太小，或者感到似乎有「空子」可鑽。

3. 說話要留有餘地，切忌憑空許諾。

　　有的領導者喜歡拍著胸脯對下屬說：「出了問題我負責！」這樣做，表面上看上去似乎給了下屬一張「護身符」，實際上，有頭腦的下屬並不相信自己的上司果真能夠承擔一切嚴重後果，過分的承諾，反而容易使人產生懷疑。領導者的這種做法，還容易誘使下屬放鬆警惕，給工作造成一些不必要的麻煩或損失。

4. 下屬承擔責任和領導者分擔責任，本來是兩個緊密相連，互相制約，缺一不可的「環」。

　　領導者替下屬分擔責任的目的，不僅是為了使下屬增添幾分安全感，更重要的還在於有意培養和增強下屬對領導者的信任感，使下屬願意承擔自己應負的「直接責任」。為此，領導者就必須毫不含糊地替下屬分擔下列責任：

　⑴由於領導者做出的錯誤決策（包括正確決策中的「不正確」因素）所造成的損失。

(2)下屬在執行任務過程中，遇到各種不確定因素的影響和干擾所造成的挫折和失誤。

(3)其他一切值得同情和諒解的過失。

5. 領導者一旦向下屬做出分擔責任的許諾，就應該遵守諾言，絕不反悔。

當下屬果真遇到不應由他負責的挫折和失誤時，領導者不僅應該馬上「兌現」自己的承諾，而且還應該向下屬明確表示，願意為下一個行動計畫繼續分擔責任，以此來鼓勵下屬進一步樹立戰勝困難的信心和勇氣。

6. 沒有選擇，也就沒有藝術。

在某種意義上說，「用人藝術」，就體現在領導者向下屬委派任務時，如何極審慎地在「下屬承擔責任」和「領導者分擔責任」之間，巧妙地選擇一個令雙方都感到滿意的交接「點」。

而「用人術」則不同，它或有意混淆這兩者的界限，以便為領導者自己留一條退路，或言而無信，出爾反爾，在關鍵時刻拿下屬當「替罪羊」。兩種用人方式，儘管具有本質上的區別，但是，倘若領導者稍有不慎，也可能不知不覺地從前者滑向後者。這一點是需要予以特別注意的。

總之，承擔責任，一要分清職責，二要適度。在此基礎上，領導者要嚴以律己，敢於為下屬分擔責任。只要做到這些，下屬就會心甘情願地服從上級的調遣，整個用人行為才能取得預期的良好效果。

靈活變通，別當鑽牛角尖的笨蛋

春秋戰國時期偉大的思想家孔子，因在魯國得不到重用，實現不了他的政治理想，於是 54 歲的孔子離開魯國，帶著弟子們周遊列國，其間到過宋、衛、陳、蔡、齊、曹、鄭、浦、葉、楚等國家。

他「遁道彌久，溫溫無所試，莫能己用」，過匡國時被匡人拘禁 5 日；過鄭時，被人形容為「累累若喪家之狗」，他一生跑來顛去，始終不被君王們重用，孔子歎息道：「尚有用我者，期月而已，三年有成。」「如有用我者，吾其如東周乎！」經過了14 年的周遊生涯，68 歲的孔子回到了魯國。臨死之際他歌曰：「泰山壞乎！梁柱摧乎！哲人萎乎！」

這位「明知不可為『而非要』為之」的孔子，一生四處碰壁，屢屢不被重用，原因到底在什麼地方呢？

關鍵是他忽視了春秋時期社會的外在客觀環境，而他的「仁禮」之類的政治學說，對於治世沒有什麼重要的作用。各國君王及諸侯希望的是一種能使國家迅速強大，足以稱霸天下的法家思想，而孔子的這種思想恰與君王們的想法背道而馳，所以像李悝、商鞅，包括後來韓非子的法家思想，更契合君王諸侯們的想法，所以孔子屢屢碰壁也就不奇怪了。

一個人在社會中，在事業上要取得成就，有一定的貢獻，那你就不能有「明知不可為而為之」的頑固想法。既然不可為，無法做，或者做不到，那就早點覺悟，立即止步，這樣不致於浪費你的時間、精力、感情，避免出現到了最後兩手空空的結局。

孔子之後的孟子，和孔子有差不多的命運。他也曾力圖在當時的戰國推行他的政治學說「仁政」，可是當時各國君王都夢想著成為天下的霸主，實行「霸道之治」，孟子的「王道之治」根本就沒有市場。

雖然各國君王都把他敬若上賓，可並不採用他的政治學說，於是孟子也像孔子一樣感歎：「如欲平治天下，當今之世，舍我其誰也！」最後也只能和弟子們著書立說，以求將其思想發揚光大。

人面對強大的社會，只能去被動地適應。一定程度上的主觀能動性經常會使一個人迷失自己，以為憑自己的努力可以改變一切，包括社會環境和各種條件，就像人類盲目主動地「改造自然」，最後卻毀壞了自然，使人類自己遭到更大的報復。這種想法是荒謬可笑的，到頭來會發現自己在整個社會面前是一個微不足道的小角色，微小到如同地上的螞蟻一樣。

當然，這個世界總是有一些自以為是的英雄人物，覺得自己天生是改造社會的人，天生是領袖人物，所以他們經常會做出一些常人不敢做的事情，當時當地似乎是成功了，但以歷史的眼光來說卻是大敗而歸。

統一了中國的秦始皇就是這樣一個人，以為自己是天下的皇帝就可以為所欲為，居然做出「焚書坑儒」這樣為人所不能接受的事情，正所謂「不可為而為之」，而且又「為」的比較成功，可他真正成功了麼？他的始皇乃至萬世的夢想，不過到了二世便土崩瓦解了，這能算是成功嗎？

仔細分析現實中那些在事業上「明知不可為而為之」，一味

鑽牛角尖的人會發現：

1. 這類人極其自以為是，甚至到了自負的地步

他們相信自己的想法、做法是極其正確的，既然自己的正確，那別人的都是錯的，或者至少是有不足的地方。包括孔孟這樣的人，在論述自己理論學說之時，也不忘指責他人理論的錯誤或不足。孟子就曾對「霸道之治」提出嚴厲的批評。而秦始皇包括後來「獨尊儒術」的漢武帝，無非都是一意孤行地要堵上別人的嘴巴，其結果是愈堵愈難以堵上。

2. 這類人一廂情願，忽視周圍的客觀現實

認為自己正確，這本身無可厚非，但你那一套到底符不符合現實狀況呢？單憑主觀願望而拚死鑽牛角尖，必然是要四處碰壁的，就像死鑽牛角尖的人最終困死在象牙塔裡一樣，頑固的結局必然是失敗。

3. 這類人最大特點即不會靈活變通

《易經》有云：「窮則變，變則通，通則久。」一意孤行，明知不可為而為，忙了半天，卻一點效果也沒有，這個世界上沒有那種「只注重過程，不注重結果」的人。既然沒有什麼結果，那還是變通為妙，不會變通者必然死路一條。

如果你在事業上屬於明知不可為而為的那類人，那你最好「放下屠刀，回頭是岸」。

1. 換個角度考慮

當你深入牛角尖，愈往前走愈黑時，首先應對自己的選擇提出問題：路線對嗎？方法對嗎？為什麼愈來愈窄？此種情況

你可以假設一下：用另外一種方法，走另外一條路線，也許會愈走愈明亮呢。這就是換個角度想一下。

司馬光砸缸這個事例，實際上即不從正常角度，而換一種角度的具體應用。因為正常的救人方法達不到目的，只能看著人白白送命，這種情況下就需要看看還有沒有其他辦法。

2. 在前進途中小憩一下

你一意孤行於自己的事業，就像石達開一意孤行，把軍隊領入死胡同。在人們紛紛勸你的時候，比較衝動的、聽不進人言的你，不妨找一個沒人的、僻靜的地方睡上一小覺，身體在休息，頭腦卻在活動。在靜靜的空氣中仔細品味一下你所做的一切有無價值、有無錯誤、有無缺陷……

湘軍將相曾國藩就是一個在繁忙中喜歡找地方靜一下的人。這樣做可以使一個人像局外人一樣來觀察、審視自己，可以使一個人熱烘烘、亂糟糟的頭腦冷靜下來。

3. 找一些有頭腦的人做你的軍師或朋友

這些人就像你的鎮靜劑，會使你在「明知不可為而為之」的路上，少逗留片刻。

像劉邦身邊的蕭何、張良就是這樣的人，項羽身邊的范增也是這樣的人，只可惜項羽並不太聽范增的話，使得老范增被活活氣死了，而項羽卻在「明知不可為而為」的路上愈走愈遠，終於送掉了自己的性命。

CHAPTER 9
看清方向走對路

> 有兩個投資合作專案,一個成功的機會是 80%,另一個有 20% 失敗的可能,你選哪一個呢?實際上這兩個專案成功與失敗的機率一樣,只不過前者只提成功,後者強調了失敗。但常理中,多數人總會選中前者,原因很簡單,成功的字眼順耳,使人興奮。

決策要有輕重緩急

　　和做任何事情一樣,企業決策也要有輕重緩急。這是企業管理者應當把握住的問題。一個企業無論如何簡單,無論管理如何有序,企業中有待完成的工作,總是遠遠多於用現有的資源所能做的事情。

　　因此,企業必須要有輕重緩急的決策,否則就將一事無成。而企業對自己之所知,對自己的經濟特點,長處與短處,機會與需要的決策分析,恰恰也就反映在這些決定之中。

　　懂得輕重緩急的決策,將良好的想法轉化為有效的承諾,將遠見卓識轉化成實際行動。輕重緩急的決策體現了企業管理者的遠見和認真的程度,決定了企業的基本行為和戰略。

　　雖然沒有任何公式能為這些關鍵性的決策提供「正確」的答

案，但是，倘若它們是隨意之作，是在對它們的重要性茫然不清之下做出的，那麼它們不可避免地將是錯誤的答案。要想獲得正確答案，這些關鍵性的決策都必須是有計畫、有系統地做出的。對此，企業的最高管理層責無旁貸。

輕者當緩，重者當急，關鍵決策，由於和企業生死攸關，更是一刻也不能忽視。

事實上，決策本身既是一件硬性工作，也是一件彈性工作，但不能固執行事，應該採取靈活的方式，控制好決策的過程，該先就先，該後就後，做點彈性處理也是企業管理者的智慧所在。

小疏忽搞垮大決策

即使最優秀的領導者也會不可避免地做出一些錯誤的決策。對此，鋼鐵業巨頭肯·埃佛森有過一段精闢的論述：「從哈佛取得工商管理碩士可以說是不錯的了，可是他們所做的決策有40％都是錯誤的。最糟糕的領導者做出的決斷則有60％是錯誤的。」

在埃佛森看來，最好的和最糟的之間只有20％的差距。即使經常出現差錯，但也不能因此就回避做出任何決策。埃佛森認為：「管理人員的職責就是做出種種決策。不做決策，也就無所謂管理。管理人員應該建立起一種強烈的自尊心，積極地敦促自己少犯錯誤。」

如果掌握了正確的思路，領導者們完全可以把錯誤率降低。正確的思路即是對決策的難易程度做到心中有數。處理棘手的問題一定要格外謹慎。身為總經理，尤其要注意下列4個方面的

問題：

1. 決策時務必全面掌握資訊，參加競爭必須謹慎

　　20 世紀 90 年代，在美國享有極高聲譽的兩家製筆公司，展開了一場空前激烈的競爭。出人意料的是，實力雄厚、財大氣粗的派克公司竟一敗塗地，走向衰落，而克羅斯公司則乘機崛起，成了美國製筆業的新霸主。

　　知情者說，克羅斯公司的興盛，關鍵是其反間計謀高出派克公司一籌。

　　被稱為「世界第一筆」的派克筆，於 1889 年申請專利，至今已歷經 100 餘年而長盛不衰，年銷量達到 5500 萬支，產品銷至全世界 120 多個國家和地區。克羅斯筆年歲稍輕，年銷量達到 6000 多萬支，所不同的是，派克筆佔領的是高檔的市場，克羅斯筆則熱衷於低檔的市場。

　　這兩家公司的產品流向並不是一開始就是這樣的，而是經過幾番競爭才形成的。數十年來這兩家製筆公司雖然在表面上井水不犯河水，但在暗地裡卻不斷加強自己的力量，雙方鬥智鬥勇，各使絕招。派克公司派出間諜多次策反克羅斯的技術人員，而克羅斯公司以牙還牙，利用收買對方關鍵人員和竊聽等手段，不斷獲得派克公司的經濟情報。

　　20 世紀 90 年代初，鋼筆市場的競爭日趨激烈，為了在激烈的競爭中進一步拓展市場，派克公司任命了新的總裁彼特森。與此同時，克羅斯公司也在採取對策，除調整行銷策略外，還加緊搜集彼特森的興趣、愛好以及上任後所要實施的行銷策略。

　　由於種種原因，鋼筆的高檔品市場呈疲軟狀，為了不使公司的經濟效益受影響，也為了打響上任後頭一炮，彼特森意欲在拓展市場方面下一番功夫。正密切注視彼特森決策動向的克羅斯公司獲悉這一資訊後，立即召開會議研討對策，決定實施反間計，和派克公司展開一場殊死的較量。

　　克羅斯公司通過一家有名氣的公共關係資訊諮詢公司，向彼特森提出了「保持高檔市場，大力開拓低檔產品市場」的建議。這正中彼特森下懷。諮詢機構的權威建議，使彼特森沒有把主要精力放在針對市場變化改進派克筆的款式和品質，鞏固發展已有的高檔市場，而是採納了開拓低檔產品市場的建議，趁高檔產品市場疲軟之時，全力以赴地開拓低檔產品的市場。

　　聽到這個消息，克羅斯公司欣喜若狂，趕緊實施第二步計畫。一是裝模作樣地召開應急會議，做出一副惶恐、膽怯狀，制定出了和派克公司爭奪低檔產品市場的措施，假裝非常害怕派克公司前來爭奪低檔產品市場，全公司上下一片恐慌，而且沒有制訂行之有效的應變措施。

　　二是由公司總裁給派克公司總裁致函，聲言兩家產品市場的流向是有協議的，你們不能出爾反爾，逾行不義之事。克羅斯這麼一番逼真的表演，越發堅定了彼特森的決策信心，緊鑼密鼓地開始向低檔鋼筆市場進軍。

　　為了不使派克公司看出破綻，窺出有詐，克羅斯公司還做了幾次廣告，製造競爭的緊張氣氛，擺出一副決戰的架勢。這一切使派克公司看在眼裡，急在心頭，為了搶先一步，派克公司憑藉財大氣粗和名牌效應，投以鉅資大做廣告，製造聲勢。

克羅斯公司見已達到預期目標，便傾全力向空虛的高檔鋼筆市場挺進。

儘管派克公司花了不小的力氣，市場效果卻收效甚微。試想，派克筆是高檔產品，是體面的標誌，人們購買派克筆，不僅是為了買一種書寫工具，更主要的是一種形象，以此證明自己的身分。所以派克筆價格再昂貴，人們也樂意接受。

而現在，高貴的派克筆卻成了 3 美元 1 支的低檔大眾貨，這還有什麼名牌可言呢？派克公司順利地打進了低檔市場，但沒有達到預期目的。不僅如此，消費者像受了愚弄似的，拒絕接受廉價的派克筆。

有時候出於種種原因，我們還沒來得及掌握全面的情況，就做出各種決策。在這種情況下做出的決策極可能是錯誤的。

2. 千萬不能過於自信

自信給人勇氣，使人做出大膽的決策。過分自信則是自不量力，毀人毀己。在體育界，這樣的事例不少。

一次，一位富商想買一支球隊。當時要價特別高，而他認為只要有錢什麼都不用擔心。過分自信迷惑了他的視線，使他看不到球員的巨額薪金和日漸下降的電視收視率，做這樣的投資實在不如把錢放在銀行裡。

然而還是有人在不斷地下賭注，收購球隊。過分自信使他覺得自己承受得起這種昂貴的消費，他相信風水會變，自己不會慘敗。但結果是往往一敗塗地。成功的投資領導者絕對不會高估自己，他們會三思而後行，不會為似是而非的好消息盲目樂觀。

　　生意場上會時時傳來各種好消息與壞消息。我們常因好消息而忽略了壞消息的存在。

　　設想為了把一種新型洗髮精投放市場，我們做了一個市場調查。調查結果顯示，58％的消費者對這種洗髮精表示認可。這是一個令人鼓舞的數字，它說明超過一半的消費者會去購買這種產品。

　　不過，事情還有另一面。42％的消費者不喜歡這種洗髮精，這又說明有將近一半人會拒絕使用這種產品。人們往往只見那58％，而看不見這42％。他們沉浸在58％所帶來的喜悅之中。殊不知，如果他們再稍微關心一下那42％，結局也許會更完美。

　　好消息就這樣把你帶入自滿、自足的境地。它能削弱人的積極性、上進心。

　　有這樣一位網球選手，經過多年苦練終於享有世界第7的排名。她能輕鬆地對付那些排名不如她的選手，卻從來沒有擊敗過任何排名在其前的選手。在這樣的事實面前，存在兩種截然相反的態度。她可以認為自己排名世界第7，成千上萬的網球選手都不可能與她同日而語；相反，她也可以加緊苦練，向排名第6位的選手發出挑戰。

　　1985年，IBM個人電腦占據了工商界市場80%的份額。在IBM取得巨大成功的時候，IBM的高層決策者們沈迷於已經取得的成績，對新的富有巨大魅力的行業領域──小型個人電腦卻視而不見。隨著後起之秀的陸續崛起，PC市場陸續被Intel、Microsoft、以及Apple搶占，直到現今，IBM在某種程

度上已經退出了 PC 市場的角逐。

有人組織一場體育比賽，計畫獲利 5 萬美元。可實際結果卻與設想大相逕庭，主辦者反而賠了 5 萬美元。

消息傳開，大家紛紛要求削減開支，裁減冗員，甚至一張紙也不會輕易浪費。令人不解的是，為什麼在有利可圖的時候大家想不到節約，非要等到火燒眉毛的時候才做「何必當初」的感慨呢？

3. 不要墨守成規

生意場上最可怕的是認為萬事不變：顧客不會變，他們會一如既往地購買自己的產品；委託人不會變，他們永遠覺得你真誠可信；競爭對手不會變，他們將永遠停留在原來的實力水準上。

成功的企業家和領導者絕對不會有這種墨守成規的想法。他們知道敏銳的洞察力和快速的反應能力是事業成功的關鍵。尤其在當今政治、經濟飛速發展的時代，快速的應變能力尤為重要。

許多人在做出決策的時候往往只憑經驗，不去想環境發生了什麼變化。他們會憑幾年前的失敗經驗告訴你：「老兄，5年前我就這麼做了，根本行不通。」他們沒有想到，5 年後情況發生了變化，以前不適用的做法現在搞不好是恰逢其時。

還有一種人，他們死死抱住以前的規矩，不敢越雷池一步。他們頑固地認為：「這個方法 5 年前有效，現在當然還有用。」在他們眼裡世界是靜止的。

朱利安‧巴赫年輕時在《生活》雜誌做記者。二戰後的一

天，他與一名從納粹集中營逃出來的羅馬尼亞小夥子共進午餐。小夥子靠在紐約大都會劇院門口兜售演出紀念品為生。當時劇院正上演著名指揮家索爾‧赫羅克指揮的芭蕾舞劇。

那是個五月的星期二，天氣晴朗。演出票銷售一空，小夥子的紀念品也全賣了出去。又過一個星期，還是星期二，天氣依舊晴朗，劇院上演著同樣的舞劇，演出票又銷售一空。可這一次，演出紀念品卻幾乎一份也沒兜售出去。

演出結束後，小夥子在劇院走廊上遇到赫羅克，告訴他自己實在想不通原因。赫羅克的回答出乎意料的簡單：「因為這是另一個星期二。」

因此，每當你做出新決策前，千萬不要犯墨守成規的錯誤。不要以為你以前失敗過現在還會失敗，也不要以為你以前成功過現在還會成功。

4. 保持清醒，避免被誤導

並非做任何事，做任何決定，都能保證我們沒有一點失誤而絕對正確，每個人都一樣，常常在情況不明之中做出錯誤的決策。

容易使人產生錯誤而被誤導的情形主要有以下幾種：

(1)情況不明

有位經理從不認為與之打過交道的人都要記住自己的名字。每當第二次見面時，如發現對方已記不起自己時，總是主動上前自我介紹，以避免重提過去的事而使人感到難堪。

類似情況時常在商務談判中出現，有人因為初次見面過於拘謹，不好意思將自己不清楚的地方提出來，就參加了談判，甚至

不認真思考就匆忙決策，沒有仔細反省一下，這樣妥當嗎？

(2)真理並非在多數人手中

靠多數人的意見來決策並不能保證完全正確。在討論中，坐在會議室的人都講同樣的話並不是件好事。這裡面必然有其他因素作怪。當領導者講完或同仁發言時，迫於領導者的威嚴或不願與同仁爭執而傷和氣，不少人總是予以附和，講出雷同或不痛不癢的意見。這往往會使會議主持者和決策人難以瞭解真實情況，靠此做決定自然會脫離實際。

正確的做法是，認真聽取大家的意見後，經過論證和思考，等人都走後，自己再做決定。

(3)別被美妙的飾言迷惑

有兩個投資合作專案，一個成功的機會是 80％，另一個有 20％失敗的可能，你選哪一個呢？實際上這兩個專案成功與失敗的機率一樣，只不過前者只提成功，後者強調了失敗。但常理中，多數人總會選中前者，原因很簡單，成功的字眼順耳，使人興奮。

精明的銷售員會用自己的口才去向顧客描述產品優質、齊備的功能，以講「好」來推銷。但聰明的顧客不會被這表面現象和技巧所誘惑，他會根據多方面的觀察做出自己買與不買的決定。

(4)不過分迷信經驗

許多商人總愛用老辦法來處理新問題。實際過去的輝煌已變為歷史，不一定就適合當前已經變化了的世界，何況從來就沒有常勝的將軍。如果你仍用以前的框框來指導目前的生意，

期望從中找到共同之處，那只會使你失去更多認識新事物，把握其特殊性的機會。因此，正確的原則是：過去的經驗是成功的總結，但並不一定就是包治百病的靈丹妙藥。

(5)不忽略基礎數字

當領導者都有這樣的體會，與基層的員工在一起交朋友，會使你得到更多在高級職員中聽不到的資訊。真正準確的報表應該是來自各個車間工段。有不少的經理，往往忽視了報表的作用，對來自各方的資訊，只要與自己的主張相同，就認為業務上沒問題了，而不願多下些功夫去挖掘更深一層的情報資料。

例如，總經理問銷售經理：「這個月汽車銷售情況如何？」他回答：「行情不錯，已有 50 輛車被客戶預訂了。」但如果掌握更多的資訊，就該問說：這個銷售量與上個月或與去年同期相比情況怎樣，與競爭對手比較又是如何？從 50 輛車的選型看，哪種品牌，哪種價格的車行情看好？我們應採取哪種促銷手段就能賣出更多數量的車？

這些情況，對於每一個承擔推銷任務的人來說，都應該經常掌握。

重視下屬的智慧

員工都遵照命令行事，即使公司再大，人才再多，也不會有發展。

當公司或商店的規模隨著歲月愈變愈大時，其組織就會像政府機關一樣，日漸趨於僵直硬化。因此，在不知不覺中就會有些

不成文的陋規出現。比如，一般的社員有事要先向主任報告，而不敢直接去找科長；主任就要先找科長，不能直接找處長；科長要先找處長，不能直接找經理。像這樣就很難發揮個人的獨立自主性，連帶的也使公司無法再做進一步的發展。

因此要想辦法來防止這種現象。具體地說，就是要製造職員能直接向經理表達意見的風氣，尤其是身為主管的人，更有責任去製造及保持這種風氣。

其實，一般的職員越過主任、科長、處長，直接向經理報告，絕不會有損科長或處長的權威。如果主管不具備這種胸懷，反而會使一般職員有所顧慮，這時候就是趨於僵直硬化的開始。

屬下的意見或許沒多大的價值，但其中一定也會有主管沒想到的構思，這就要特別加以注意，並且彈性地決定採用與否。如果只是固執地相信只有自己的方針才是對的，那就無法步出自己狹窄的見解範圍。唯有把屬下的智慧當作自己的智慧，才能有新的構想，這是主管的職責，也是使公司、企業發達的要素。

還有，對於員工的提案，並不是要完全沒有錯誤才採用，而是要多少採用一點。「這既是你的構思，那我就試用看看吧。」這種不完全摒棄的接納態度，才能使員工勇於提出新的提案。如果員工都是「遵照命令行事」，就算擁有再多的人才，公司也不會有發展。公司再大，人才再多，若沒有讓年輕人自由發表意見、自主工作的機會，是什麼也做不起來的。

那麼，該怎樣鼓勵部屬多提建議呢？

1. 以借用智慧、充滿感謝的心情傾聽部屬的建議

為了公司，提案制度有存在的必要。對員工們的意見，不

只是一味的「聽聽」而已，為了克服公司在業務方面的弱點，除了克服障礙及產生新構想外，必須有「借用部屬智慧」的制度及認識。

假如有這種「借用智慧」制度存在的話，部屬們自然會為公司貢獻智慧。不論什麼樣的提案，只要提出來的話上司都心存感謝，部屬就會爭相獻智。

2. 鼓勵日常中的提案

有了這樣的心情之後，假如一切都交給提案制度，照樣不會產生好提案。最重要的，是鼓勵部屬在日常生活中，對上司的意見、質問、異議、疑問等提出自己的意見和見解。實際上這些都可能是很棒的提案。做為上司應該積極鼓勵，大力扶持這種行為。

3. 給予實際或研究的場所

某家生產公司在每一個製作所都設置一個創作室，裡面放置著球盤、旋盤、研磨機、熔接機等機器，每一位員工都可利用閒暇的時間自由使用。只要是休息時間或下班以後都可以完全自由分解機器，重新組合。因為如此，此公司內部的提案數量相當多，而且在質的方面也都相當優異。

但是一般公司都因為訂了太多的諸如不准碰機器、不准弄壞等繁瑣的規定，員工自然而然就退縮，失去對機器或工作關心的心情。這種公司產生不出好的提案來也是很正常的事。因此，給予員工發想或研究的場所，對促進提案是非常重要的。

4. 對不平、不滿也要表示歡迎

不要使部屬壓抑任何的不平或不滿，必須充分重視他們的

意見。

從員工的疲倦及對工作的倦怠等各種申訴中，可以瞭解到作業改善及注意安全性生產的重點。假如有這種態度，根本不需特意去提高士氣，到處都可找到改善方向的動力。

5. 對提出來的意見要馬上有所反應

例如：員工們若有「這種事即使告訴上司也沒用，反正他是不會管的」這樣的心理，一定是因為上司平日的態度所引起的。對任何事情都要有馬上處理或下結論的能力，對上司來說是很重要的。

如果身為主管卻怠慢了這種努力或責任，不僅提案，就連部屬們的希望、意見也不會產生，也就無法使組織達到充滿活力了。

樂於接受反對意見

有些人自以為是，不善於接受別人的意見，所以根本無法治療自己的弱點，從而取得成功之道。

環顧我們生活的周圍世界，我們會十分明顯地感到一點，要想使每個人都對自己滿意，這是十分困難而且不大可能的。實際上，如果有50％的人對你感到滿意，這就算一件令人愉悅的事情了。

要知道，在你周圍至少有一半的人，會對你說的一半以上的話提出不同意見。只要看看政治競選就夠了：即使獲勝者的選票佔壓倒多數，但也還有40％之多的人投了反對票。因此，對常人來講，不管你什麼時候提出什麼意見，有50％的人可能提出

反對意見，都是一件十分正常的事情。

當你認識到這一點之後，你就可以從另一個角度來看待他人的反對意見了。當別人對你的話提出異議時，你也不會再因此而感到情緒消沉，或者為了贏得他人的贊許而即刻改變自己的觀點。

相反，你會意識到自己剛巧碰到了屬於與你意見不一致的50％中的一個人。只要認識到你的每一種情感、每一個觀點、每一句話或每一件事，都會遇到反對意見，那麼你就可以擺脫情緒低落的困擾。

當我們做事之前已經預想到某種後果，而一旦出現這種後果時，你就不會出現很大的情緒波動，或者措手不及。因此，如果你知道會有人反對你的意見，你就不會自尋煩惱，同時也就不會再將別人對你的某種觀點或某種情感的否定，視為對你整個人的否定。

無論你的主觀意願如何，反對意見總是在所難免的。你的每一個觀點，都會有與之不同甚至完全對立的意見。關於這一問題，美國總統林肯在白宮的一次談話中曾說過：「……如果要我讀一遍所有針對我的各種指責……更不用說要逐一做出相應的辯解，那我還不如辭職算了。

「我憑藉自己的知識和能力盡力工作，而且將始終不渝。如果事實證明我是正確的，那些反對意見就會不攻自破；如果事實最後證明我是錯的，那麼即使有十個天使起誓說我是正確的，也將無濟於事。」

當你遇到反對意見時，你可以發展新的思想，提高自我價值

（這是你可以採用的最為有效的辦法）。除此之外，為了衝破尋求讚許的心理束縛，你可以嘗試做以下幾件具體的事情：

1. 在答覆反對意見時，以「你」字開頭。例如，你注意到爸爸不同意你的觀點，並且開始生氣了。不要立即改變自己的觀點，也不要為自己辯解，僅僅回答說：「你以為我的觀點不對，所以你有些惱火。」

   這樣將有助於你認識到，表示不贊同的是他，而不是你。在任何時候都可以用「你」字開頭的辦法，只要運用得當，就會取得意想不到的效果。在講話時，你一定要克制以「我」字開頭的習慣做法，因為那樣會將自己置於被動辯解的地位，或者會修正自己剛剛說過的話，以求為他人所接受。

2. 如果你認為某個人企圖通過不給予讚許來支配你的思想，不要為了求得他的讚許而含糊其辭、言不由衷，應該直截了當地向他大聲說：「通常我不會改變觀點，你要是不同意，那只有隨你的便了。」或者可以說：「我猜你是想讓我改變我剛才所說的話。」提出自己的看法這一行動本身，有助於你控制自己的思想和行為。

3. 別人如果提出有關於你的意見，儘管你可能不大欣賞，也還是應該表示感謝。表示感謝便消除了任何尋求讚許的因素。例如，你丈夫說妳太害羞，他不喜歡妳這樣。不要因此就努力通過行動而使他滿意，只要謝謝他給妳指出這一問題便足夠了。這樣一來，就不存在尋求讚許的問題了。

4. 你可以主動尋求反對意見，同時努力使自己不因此而煩

惱。選擇一個肯定會提出不同意見的人，正視他的反對意見，沉著而冷靜地堅持自己的觀點。你將逐漸學會不因反對意見而感到煩惱，並且不輕易改變自己的觀點。

你可以對自己說：早已預料到了這種「對立」，他完全可以有他自己的看法，這與你實在沒有任何關係。通過尋求、而不是回避反對意見，你將逐步掌握有效對付反對意見的各種方法。

5. 你可以逐步學會不理睬反對意見，根本不要理會那些企圖通過指責來支配你的人。

要有從善如流的胸襟

領導者雖位在眾人之上，但也並非是萬能的，畢竟他一個人的力量是有限的。俗話說得好：「三個臭皮匠，勝過諸葛亮。」那麼就需要領導者集思廣益，以補自己的不足之處，這樣既顯民主又顯得胸懷廣闊。

常言道：「人非聖賢，孰能無過。」許多人就拿這句話當作擋箭牌來防衛自己，原諒自己。是呀，連聖賢都會做錯事，何況我們凡人呢？根本不必太苛責自己嘛。

但是這裡舉這句話無意替犯錯誤的人開脫。因為，雖然領導者都會犯錯，但錯誤既已是錯誤，原諒不原諒都是其次的問題，最重要的就是如何改錯的問題。錯誤必須找出來，必須改進，必須防止再度發生。至於追究責任，並沒有積極的作用。

一個成功的領導者，一定是一個能夠隨時檢討自己、隨時改正錯誤而不是「沒有錯」的領導者。事實上，世界上沒有不發生

錯誤的領導者，只有不知錯誤、知錯不改或知錯改錯的領導者。

　　一個領導者可能發生錯誤的地方太多了。比如進貨是不是太多，造成滯銷？是不是貨色太偏了，致使縮小了顧客群？是不是服務態度怠慢了，引起了顧客的不滿？是不是商品的陳列太過零亂，以致引不起顧客的消費慾？是不是管理作風惡劣，致使員工工作情緒低落？

　　錯誤的種類繁多，但是總歸一句話，最大的錯誤莫過於經營失當。

　　一個領導者最大的錯誤就是剛愎自用。這種人總以為員工是我用錢請來的，我叫他們怎樣他們就該怎樣。把員工的勞力當成商品，可以用錢交換，而不是把員工當成和自己一樣有感情、有眼光、有智慧、有創造力的人。

　　中國的摩托羅拉公司曾推出「溝通宣傳周」活動，員工可以透過各種形式對公司各方面提出改善的建議、參與公司管理，對問題進行評論、建議或投訴，並定期召開座談會，當場答復員工提出的問題，並在 7 日內對有關問題的處理予以反饋。

　　唯一能夠彌補「領導者」能力之不足的辦法，就是以民主作風，集思廣益，察納雅言。一家公司如何走上軌道，如何遵循既定的經營方針穩定前進而不出軌道？如何在經營發生困難時檢討出錯誤？如何在知道錯誤之後懸崖勒馬、改弦易張？所有經營上的秘訣都在這裡。

　　當然員工所提的諫言、建議未必都是正確、有用的，但是經營者的風度就表現在對於那些錯誤的、無用的諫言之包容力。如果你不能包容那些錯誤的、甚至有害的發言，那麼那些正確和有

用的建議就不會從員工的口中吐出來，最後員工的眼光、智慧、創造力都會被扼殺，而不能對你的經營有絲毫的幫助。

凡事都是相輔相成，好的和壞的都是同時存在的。一個經營者負責整個事業都不能絕對正確，那又怎能以絕對正確要求員工呢？

就像獨裁的政府必然要走向滅亡的道路，獨裁的經營者也必然要走向破產的道路。

民主是社會組織通用的原則，政府需要它，企業更需要它。

如何採納下屬的建議

出主意的人有的是，困難之處在於判斷誰的主意能給我們帶來好處。要解決這個問題就要提取正確的資訊，提出適當的問題，進行正確的分析。

以下要訣將幫助你學會怎樣利用好的建議，排除沒用的建議：

1. 不需要就拒絕

如果你不需要別人的建議，你就拒絕他，要態度溫和但語氣堅定。你可以說：「你的建議我將銘記在心，但我這次要按自己的想法辦。」如果你已下定決心，就不要再徵求意見，你的猶豫會使人以為你在尋求幫助。拒絕一定要堅定。如果對方為你擔心，你可以表示後果自負，你可以說：「我已決定了。」

2. 不要暗示對方回答你想要的答案

許多人會極力順著你的想法說話。因此，如果你想得到客觀的答案，你就要學會正確的提問。例如，如果你問對方：

「我想自己開一家修理電腦的公司，你覺得怎麼樣？」對方只要與你有點交情，或職位比你低，就會附和你的想法。你要想聽一聽真正的意見，就要這樣提出問題：「這個地區開電腦修理公司有沒有前途？」

3. 說明你需要何種具體建議

　　你要說清楚你需要的到底是什麼，這樣雙方都能節省時間。如果你想檢驗自己的想法，或者希望別人支援你的決定，要直接說出來。

4. 不要因為表面因素而錯過好的建議

　　有人拒絕某項建議是因為他曾經聽說過它太理想化、太複雜或者太簡單。這都不能說明這個建議不好。

5. 問該問的人

　　如果事情非常重要，你應該努力找一個適當的人選幫你出主意。有的人向身邊的每一個人徵求意見，這種做法不可取。這個要訣很少有人能做到。

6. 比較不同的意見

　　很少有人能把一件事的方方面面都考慮周到，即使有這麼一個人，找起來也會費盡周折。你需要的是瞭解情況卻未捲入其中的人，是對事件有興趣卻沒有感情牽扯的人。你可以多問幾個人，看他們看問題有何相同和不同。

7. 評估建議的可靠性

　　有的人對自己喜歡的人言聽計從，對自己不喜歡的人則相反。然而，對於重大的決策還是評價一下對方建議的可靠性，你可以從以下幾個方面著手：他是否具備足夠的專業知識？他

是否瞭解足夠的資訊？他是否知道你真正需要什麼？

8. 建議的依據是對方的人生觀和價值觀

　　只有極少數的建議和對方的人生觀、價值觀無關。例如，你做某項工作的原因是什麼？是升遷的機會？是工資高低？還是其他？這只有你知道。別人提建議，你拿主意。

9. 告訴對方你已問過許多人

　　有的人覺得你徵求了他的意見就得照他說的辦，否則他會覺得沒面子。你不用自己去得罪他，你可以告訴他你已經問過許多人。如果你恰巧沒有採納他的建議，他會認為是別人的建議比他的好。

10. 表示感謝

　　當你向別人致謝時，不要籠統地讚揚，而要點明他的哪個意見對你幫助很大。即使他的建議沒有被採納，你也要向他花費精力提出的建議表示感謝。

發揮團隊的優勢

　　合作是所有組合式努力的開始。一群人為了達成某一特定目標，而聯合在一起。李嘉誠把這種合作稱之為「團結努力」。

　　「團結努力」的過程中最重要的 3 項因素是：專心、合作、協調。

　　如果一家法律事務所只擁有一種類型的思想，那麼，它的發展將受到很大限制，即使它擁有十幾名能力高強的人才，也是一樣。錯綜複雜的法律制度，需要各種不同的才能，這不是單獨一個人所能提供的。

　　因此，只是把人組織起來，並不足以保證一定能獲得企業的成功。一個良好的組織所包含的人才中，每一個人都要能夠提供這個團體其他成員所未擁有的才能。

　　在所有的商業範圍內，至少需要以下 3 種人才：採購員、銷售員以及熟悉財務的人員。當這 3 種人互相協調，並進行合作之後，他們將通過合作的方式，使他們自己獲得個人所無法擁有的力量。

　　許多企業之所以失敗，主要是因為這些企業擁有的清一色是銷售人才、或是財務人才、或是採購人才。就天性來說，能力最強的銷售人員都是樂觀、熱情的；而一般來說，最有能力的財務人員則理智、深思熟慮而且保守。這兩種人是任何成功企業都不可缺少的。但這兩種人若不能互相發揮影響力，對任何企業都不會發揮太大的作用。

　　即使你是「天才」，憑藉自己的想像力，也許可以獲得一定的財富。但如果你懂得讓自己的想像力與他人的想像力結合，必然會產生更大的成就。我們每個人的心智都是一個獨立的能量體，而我們的潛意識則是一種磁體，當你去行動時，你的磁力就產生了，並將財富吸引過來。

　　但如果你一個人的心靈力量與更多「磁力」相同的人結合在一起，就可以形成一個強大的「磁力場」，而這個磁力場的創造力量將會是無與倫比的。

　　在生活中，大家也許會有這樣的機會：假如你有一個蘋果，我也有一個蘋果，兩人交換的結果每人仍然只有一個蘋果，但是，假如你有一個設想，我有一個設想，兩人交換的結果就可能

是各得兩個設想了。

同理，當獨自研究一個問題時，可能思考 10 次，而這 10 次思考幾乎都是沿著同一思維模式進行。如果拿到集體中去研究，從他人的發言中，也許一次就完成了自己一人需要 10 次才能完成的思考，並且他人的想法還會使自己產生新的聯想。

一加一大於二是個富有哲理的不等式，它表明集體的力量並不是個人力量的累加之和。

這種集思廣益的思維方法在當代社會已被普遍應用，它能填補個人頭腦中的知識空隙、通過互相激勵、互相誘發產生連鎖反應，擴大和增多創造性設想。一些歐美財團採用群體思考法提高的方案數量，比單人提出的方案多 70％。

可見，一個好的創意的產生與實施，創業者光靠自身的力量和努力是不夠的，必須集思廣益，必須在自己周圍聚攏起一批專家，讓他們各顯其能、各盡其才，充分發揮他們的創造性作用。

如果沒有其他人的協助與合作，任何人都無法取得持久性的成就。當兩個或兩個以上的人聯合起來，並把這種關係建立在和諧與諒解的基礎上，這聯盟中的每一個人的成就能力將因此倍增。

這項原則表現得最為明顯的，應該是在老闆與雇員之間保持完美團隊精神的工商企業。在你發現有這種團隊精神的地方，你會發現雙方面都友善，企業自然繁榮。

因為缺乏合作精神而失敗的工商企業，比因為其他綜合原因而失敗的更多。各種各樣的工商企業因為衝突及缺乏合作原則而失敗甚至毀滅。在研究中不難發現，缺乏合作精神一直是各時代人類的一大災禍。為了更好的創業，使之走向成功和輝煌，良好

的合作不可或缺。

要全力支持下屬的工作

　　一個無能的主管，不僅不能對下屬的工作起到推動的作用，而且會妨礙下屬的工作，不用說，在一個企業裡這樣的主管愈多，肯定是效率愈低，這類主管只知道以妨礙別人的工作來顯示自己的權威，來滿足自己的虛榮心，而沒有想到這樣做正是在減少自己的工作業績。你想想，你的下屬不能把工作做好，你的上司會對你滿意嗎？

　　這種主管做事獨斷專行，他們往往對下屬提出的意見，不顧好壞，只管一味否決。

　　「我沒聽說過這件事」。

　　「這件事現在不能提，因為經理正在發脾氣」。

　　「這件事若要我突然地報告部長，他不會採納的，而且還會責怪我胡亂請示，所以我不敢接納」。

　　「這筆預算是不會批准的，因為我沒有信心去說服他們」。

　　這種主管就是這樣，來一個建議就一棒子打死，只有這樣他才會覺得很痛快，他手中握點權，不用手就癢癢的。

　　然而下屬的眼睛也都是雪亮的，他們嘴巴多多，三五個到一起，很快就會把一個主管的老底揭穿，恨不得把他扒光衣服放在一個大盤子裡，供大家盡情享用：

　　「哎呀，我們主任老是獨斷專行。全是我要這樣，我要那樣，到頭來把事情弄得一團糟，還全不聽我們的意見」。

　　「我們做專案的才可憐呢，時時要看上級的臉色，還總免不

了挨批！」

　　為了避免如此糟的局面，作為主管一定要注意，隔一段時間就要有意識的強制自己反省一陣子。不要只顧胡亂忙。要自我檢討，看是否自己經常妨礙下屬的工作了。是否應給他們一些支援和幫助以及精神上的鼓勵。

　　如果答案是肯定的，就應立即改變立場，趕緊轉妨礙為大力支持，切莫再固執己見，只有如此才能贏得下屬的好看法和信賴，要知道作為一個主管，這些對你可是最重要的，若是眾人背叛了自己，奮鬥多年取得的職位，也有失去的可能。

　　因為，作為一個主管，妨礙你的下屬，就是妨礙你自己。

空出時間來做重要的事

　　在現實生活中，有些新管理人工作起來非常繁忙，似乎總有一大堆事情要做，結果是「東一榔頭西一棒」缺乏成效。因此，提高工作效率往往是一名優秀的新管理人必須注意的問題。否則，做事事倍功半，拖泥帶水，怎樣說明你的工作能力強？你的魅力又從何而來？

　　為了達到有意義的目標和成為有效率的新管理人，我們必須優先把時間用在有意義的活動上，來取代許多無意義的或次要的活動。

　　糟糕的是，許多人確實試圖延長他們的工作時間，以完成更多的工作。但那是沒有益處的。工作會不斷地擴展，以填滿它能得到的時間。工作不是固體，它像是一種氣體，會自動膨脹，並填滿多餘的空間。

　　這就是時間管理專家並不鼓勵你為解決時間問題，而延長工作時間的理由。延長工作時間，不僅影響你的家庭和社會生活，還會降低你工作的效率，因為你把晚上當作了白天的延伸。

　　如果一個計畫到下班時還沒寫完，也許你會聳聳肩對自己說：「我會在晚上把它寫完。」也許你寧願這樣做，也不願利用下班前的那十五分鐘好好地趕完工作；或者你不願意匆忙行事，並將自己置於壓力之下；或者不願意硬塞給別人。總之，不願意在上班時間內，解決尚未完成的工作。

　　但你若是不管出現什麼困難，都要在規定的時間內完成你的任務，這樣也不好。因為困難會造成壓力，甚至可能導致精神錯亂、胃潰瘍或心臟病突發。你只能把活動壓縮在這麼多的時間內，就比如氣體雖然能被壓縮，但它受到的壓力愈大，它對容器壁的壓力也就愈大。

　　這就是產生緊張、精神崩潰甚至更糟的情況出現的原因。人們把愈來愈多的工作塞進同一個時間容器，從而使自己處於極度緊張的壓力之下，直到最後，壓力過大導致容器的爆炸。

　　你可能會說：「算了吧，我寧願延長工作時間也不願爆炸！」但延長工作時間，只會耽擱必須做的事。如果你有一個較大的時間容器，你就能在裡面塞入更多的活動，而你也會這樣做。但這是工作狂的本性。而當爆炸最後來臨時，你也是唯一的受害者。

　　延長工作時間不是辦法。你所做的事情決定你的效率，而且進一步說，甚至還關係著你的健康。

　　義大利經濟學家和社會學家柏拉圖，在他所創造的柏拉圖原

則中指出：在一個群體中，重要的成分通常只佔全部成分的一個相對小的比例，所用的實際數字是 20% 和 80%。所以，你的 20% 的活動，佔你所有活動的 80% 的價值，這就是二八定律。

這個原則令人吃驚的地方，是它似乎對所有的事情都適用。20% 的業務員帶來 80% 的新業務；20% 的發明專案，創造了全部發明價值的 80%；20% 打電話給你的人，佔用你 80% 的打電話時間；你 20% 的雇員，製造了 80% 打擾你的事件；你 20% 的工作，帶給你 80% 重要成果……等等。

80% 和 20% 這個數字可能不準確，但這個原則在實踐中肯定是適用的。

從理論上講，你可以省去 80% 的活動，而仍保留 80% 的成果。那就是：

1. 排除 5% 至 10% 的不必要活動

2. 委託他人做一些事。這將為你騰出 20% 至 50% 的時間。
   然後，用這些「空出來的時間」，去完成特別重要的工作，如作計畫和考慮革新項目。

首先，你必須決定打算花多少時間來工作。然後，你必須排除或委派別人去做次要活動，並以特別重要的活動填補空出的時間。特別重要的活動，是指那些能帶來更多的報酬、獲得重要的成果、使你向個人和公司的目標邁進的活動。

同樣的，領導者也應該教導員工如何省下時間，將這些時間拿來參與公司的革新。Google 就是一個很好的典型，員工可以將一些上班時間，投入到任何一個感興趣的項目上，這種「20% 的時間」幫助 Google 創造出了多樣化的發展觸角。

10 CHAPTER
預見商機掌握市場脈動

> 一個真正的企業家不僅要有經營管理的才能，更需要有
> 一種商業預見能力。
>
> 「如果看不到腳尖以前的東西，下一步就該摔跤了。」

選擇正確的經營方向

　　企業領導者進行企業經營戰略的構想，往往是新創辦的企業或對企業進行大規模調整之時的選擇。所以，首先就要確定經營的基本方向，重新審視自己的經營業務，看其是否有廣闊的前景；其次，要界定經營的範圍，確定經營的重點。

　　以上兩步都走穩了，接下來就要制定總體目標了。這是企業經營戰略的核心部分，所以在制定經營戰略時，一定要考慮到多方面的因素影響，統攬全局。

　　今日的市場競爭已經演繹為綜合實力和整體素質的較量，演化為系統運籌決策的較量。所以，選擇正確的企業經營方向，已成為企業經營中的「重中之重」，是企業戰略謀劃的第一要務。

　　面對競爭激烈的市場，企業經營者在企業運行之前必須「成竹在胸」，把握企業的基本目標，確定企業成功的航向。

　　因此，確定企業的經營方向，有以下幾條原則：

1. 企業的經營方向要適合國家長遠規劃和市場需求，避免盲目性，緊跟市場最新動態。

2. 搞清楚企業應該在什麼行業經營，經營方向及經營範圍是什麼，服務的對象是誰，應選擇對企業發展和生存最有利的、發展最有前途的行業經營。

3. 要找出最能發揮企業特點和優勢的行業，盡可能地開發與本企業的生產工藝、技術水準等相適應的產品，不要輕易離開本企業的長處從事完全陌生的事業。

4. 要保持靈敏的商業嗅覺，選擇對企業來說有美好前景的經營方向。

5. 尋求多種能和自己的經營範圍起協調作用的經營方向。服務面愈寬，企業的經營就愈容易穩定。同時收集大量有價值的資訊，從中得到啟示。

6. 根據市場特點和調查分析得出：歐洲市場喜歡高檔品，顧客注意產品的精緻性；美國市場喜歡款式新，顧客講究產品的新鮮感；東南亞市場偏重產品的功能，追求產品的便利性。企業要根據所面對的市場，認真選擇經營方向。

在明確了企業經營方向之後，企業才能夠遊刃有餘地在複雜的市場環境中，集中全部財力、物力、人力、資訊等各種資源，做出輝煌的業績。

弄明白什麼是自己的核心生意

要想成為一名成功的企業家，最大困難之一就是要弄明白什麼才是你的核心生意。這要經過充分的論證，以便在你努力發展

公司，並向更有利可圖的領域進軍的時候，避免忽視你的核心生意。

有無數的企業家，由於沒有搞清楚到底什麼才是他們的核心生意，從而對那些表面上是他們核心生意的一部分的領域，總是不細加調查就盲目進行投資和市場擴張，結果常常無功而返，浪費了大量的人力、物力和財力。因為有些生意，從表面上看，好像是你們的核心生意，但是實際上，這些生意根本不像你們所想像的那麼簡單。

在絕大多數情況下，如果你想使自己的注意力始終集中在核心生意上，最簡單的方法就是，你要經常提醒自己和員工，什麼才是你們的核心生意。但是，要判斷什麼是你公司的核心生意，並不是一件很容易的事。

有一位專門承攬縱橫填字遊戲出版物的印刷企業家，他由印刷業起家並且取得了成功，他開始決定買斷所有縱橫填字遊戲雜誌。

別人認為他這樣做一定是病了：印雜誌是一碼事，而出版發行雜誌則是另一碼事。因為從事出版發行業，需要承受由此所帶來的全部編輯工作和市場開發的挑戰。他正在偏離他的核心生意。

但是，在如何判斷什麼才是他的核心生意這個問題上，別人錯了。這位企業家事先曾經對他的公司做過認真的分析，發現公司面臨的主要問題是：他所有的兩家印刷廠雖然是盈利的，但是，其生產能力只發揮了 50%。

在印刷行業，這可能導致毀滅性的後果。如果想要這些印刷

機不停地運轉起來,最理想的狀態是,讓工廠一天分 3 班 24 小時地連續運作起來。

他解決問題的辦法是:由於他不能使更多的雜誌社變成他的客戶,他決定把那些是其他印刷商客戶的雜誌買下來,從而把他們變成自己的客戶。他認為,他的核心生意不能簡單地歸納為印刷本身,而應該確定為一天印刷 24 小時。

買下這些雜誌是保住他的核心生意的一個很聰明的辦法,雖然有風險。但事實證明,這樣做的風險是最小的。他買下的雜誌也經營得很好,前途光明。由於內部印刷成本較低,這些雜誌社的運營效率和盈利都比以前有了很大的提高。

把注意力放在核心生意上是一件非常好的事情。你們公司愈發展,你就會愈來愈深刻地理解到這一點。只要你把注意力集中在核心生意上,你就可以逐漸獲得一種很強的洞察力,這將會幫助你不斷拓展公司的業務,並會給你一個更加廣闊的自由發展的空間。

適時的反省很重要

自省即自我省悟,自我檢查,自我解剖。自省是一面鏡子,可以照出自身的缺陷和毛病。自省的過程,又是不斷克服錯誤、更新提高自我的過程。「白日所為,夜來省己,是惡當驚,是善當喜。」「每事責己,則己德日進。以之處人,無往而不順。」孔子說:「一日三省吾身。」

每個經理人都應當經常結合自己的思想、工作和生活的實際,經常反省自己的言行是否符合社會整體利益和廣大員工的要

求，自知自明，勇於自我解剖，敢於揭露和坦承自己的短處，就能逐步錘鍊出完美的人格。

無論做什麼工作，做起來不順利或失敗了，一定都有它的原因。遇到阻礙的時候就立刻研究發生原因，是避免舊錯重犯的必備條件。

人們在對事物進行歸因時，通常是按照以下模式進行的：首先，行為者傾向於情境歸因，觀察者傾向於內部歸因；再者，把積極的結果歸因於自己，把消極的結果歸因於情境。這時，就必須要留意人性的弱點。比方說：「因為發生這種情況才沒有成功，不關我的事」、「因為發生意外才失敗，我也沒有辦法」等。為自己找藉口、自我安慰的人很多。

然而在作戰的時候，如果戰事失敗了，你解釋說：「因為那時剛好下了一陣雨才輸了」、「太陽剛好照射在臉上，我們睜不開眼睛，才會打敗」等，這能成為理由嗎？的確，這些原因都可能成為決定勝負的因素。但是，名將是不會講這種話的。

因為是名將，在開戰前，就會先計畫好：遇到下雨時該怎麼辦？過了正午太陽會照向這邊，對我們不利，所以無論如何要在正午前決勝負……這樣才能每戰必勝，更沒有必要為自己找台階下了。雖然說「勝負靠運氣」，但看上面的例子，輸的還是該輸，贏的還是該贏的。

有些企業遇到空前的不景氣，沒有不飽嘗艱苦的。可是企業一旦把業績不振的原因，推說是「因為不景氣」，而不知反省、檢討的話，那它離成功就愈來愈遠了。不景氣雖然不是自己造成的，可是在景氣的時候，你有沒有做「居安思危」的準備呢？

如果有，那企業即便遇到不景氣，業績也不會惡化到不可收拾的地步。事實上，在這種不景氣的情況下，保持業績繼續成長，獲得輝煌成就的仍大有人在。

總而言之，把失敗的原因統統歸給他人，想辦法找理由來自我安慰是人之常情。可是作為一名職業經理人，這是極不可取的。要想成為一名優秀的經理人，正是要突破這一心理瓶頸，勇敢、主動、客觀地反省自身情緒、思維及能力，準確評估組織及客觀世界，勇於打破舊的格局，創建新的發展要素。

正如狄更斯所言，不論我們多麼盲目和懷有多深的偏見，只要我們有勇氣選擇，我們就有徹底改變自己的力量。

聯想是一個很善於自省的企業，無論在順境還是逆境中，無論是柳傳志，還是楊元慶都發表過很多非常清醒的、深刻的、真誠的自省之語，且屢有壯士斷腕之舉。當年，聯想投資FM365，趕上互聯網低潮，剛剛損失1000萬，便及早抽身，這需要多大勇氣？

柳傳志曾有句名言：「踏上一步，踩實了，再踏上一步，再踩實，當確認腳下是堅實的黃土地以後，撒腿就跑！」這是說聯想的謹慎，但對於聯想勇於自省的勇氣，其實也可以這麼理解：「踏上一步，沒踩實，再踏上一步，沒踩實，當確認腳下不是堅實的黃土地以後，撒腿就跑！」

在1997年，美特斯邦威開發外部市場氣勢如虹的時候，內部人事問題卻愈來愈大，最後管理層幾乎全部出走，只剩周成建一個光杆司令，任何人面對左膀右臂的集體叛離，都會靜下來痛定思痛。周成建也不例外，更何況他還是個很善於自省和反思

的人。

在經過那次差點令周成建和他的美特斯邦威崩潰的人事動盪後，他由當初「職業經理人不適合我的要求」的認識，逐漸轉變為「我沒有做好決策者或者老闆的角色，來與職業經理人創造默契的合作方式」。

張朝陽是搜狐最大的主人，他對自己的總結是：「我是一個白省傾向比較嚴重的人，就是比較善於批評自己，就是不太把自己當回事，因為這樣的原因，使得我們不會故步自封，聽不進別人的建議。」

通用電氣 CEO 伊梅爾特，總是面帶微笑，因為他推崇「溝通為王」。但是，他的領導之道卻是「擅長反省」，伊梅爾特認為：「領導力實質上是一種自我反省。在其中，你不斷反省，不斷重新認識自己，並將經歷融入到你的領導風格之中。」

走不通？快轉彎！

毫無疑問，不管你是一個什麼樣的人，在工作中總會碰到許多走不通的路，在這個時候，你應當換個角度考慮問題，重新操作。成大事者的習慣是：如果這條路不適合自己，就立即改變方式，重新選擇另外一條路。

我們形容頑固不化的人，常說他是「一頭撞倒南牆」。這些人有可能一開始方向就是錯誤的，他們註定不會成大事。還有一種可能是當初他們的方向是正確的，但後來環境發生了變化，他們不適時調整方向，結果只能失敗。

杜邦家族就懂得這個道理，他們懂得隨機應變。「我們必須

適時改變公司的生產內容和方式，必要的時候要捨得付出大的代價以求創新。只有如此，才能保證我們杜邦永遠以一種嶄新的面貌來參與日益激烈的市場競爭。」這是一位杜邦權威對他的家族和整個杜邦公司的訓誡。

事實正是如此，世界上很少有幾家公司能在為了創新求變而開展的研究工作上，比杜邦花費更多的資金。每天，在威爾明頓附近的杜邦實驗研究中心，忙碌的景象猶如一個蜂窩，數以千計的科學家和助手們總是在忙於為杜邦研製成本更低廉的新產品。

數以千萬計的美元終於換來了層出不窮的發明，而且還產生了使市場發生大變革的防潮玻璃紙，以及塑膠新時代的象徵——甲基丙烯酸；也正是在這裡研製成了使杜邦賺錢最多的產品——尼龍。

1935 年，杜邦公司以高薪將哈佛大學化學師華萊士‧C‧卡羅瑟斯博士聘入杜邦。此時卡羅瑟斯已研製了一種人造纖維，它具有堅韌、牢固、有彈性、防水及耐高溫等特性。卡羅瑟斯走進杜邦經理室時說：「我給你製成人造合成纖維啦。」

杜邦的總裁拉摩特祝賀卡羅瑟斯博士取得成功的同時，微笑著說：「杜邦永遠都需要像博士這樣善於創新的人。繼續努力吧，博士，我們需要更能賺錢的產品。」於是，卡羅瑟斯用了杜邦 2700 萬美元的資本，用了他自己 9 年的心血，研製出了更能適應杜邦商業需要的新產品——尼龍。世界博覽會上，杜邦公司尼龍襪初次露面就立刻引起了巨大的轟動。

一個真正的企業家不僅要有經營管理的才能，更需要有一種商業預見能力。正如杜邦第六任總裁皮埃爾所言：「如果看不到

腳尖以前的東西，下一步就該摔跤了。」的確，在日趨激烈的商業競爭中，如果沒有一定的眼光，不能做出比較切合實際的預見，那企業是很難發展下去的。

第一次世界大戰使杜邦很快地撈了一大筆，然而，杜邦並沒有被暫時的超額利潤所迷惑。早在大戰初期，皮埃爾就已意識到天下沒有不散的筵席，戰神阿瑞斯總有一天要收兵，不再撒下「黃金之雨」。

於是他開始使公司的經營多樣化，一方面他緊盯著金融界，一心要打入新的市場，開闢新領域；另一方面他必須為杜邦公司開闢一塊有著扎實根基的新領域。幾經斟酌，皮埃爾選定了化學工業作為杜邦新的發展方向，他要將杜邦變成一個史無前例的龐大化學帝國。

「我們不能在求變創新的同時把企業引向死路，我們的創新變革必須有相當的依據。」皮埃爾如此說，事實上他的選擇也正印證了這一點。

杜邦之所以將軍火生產轉向了化學工業，一則因為化學工業與軍火生產關係密切，轉產容易，不必做出重大的放棄行為，而且將來一旦烽火再起，返回生產軍火也很方便，不需太大變動；二則其他行業大多被各財團瓜分完畢，唯有化學工業比較薄弱，且潛力極大。

事實上，杜邦家族第二代 50 年經營化工用品而發跡的家族史，就證明了這一轉變是極為成功的。

也許是杜邦家族財大氣粗的緣故吧，杜邦公司求變創新的主要途徑便是不惜重金，但求購得。杜邦不僅要買新產品的生產方

法，還要買新產品的專利權，甚至連新產品的發明者也一併買回為杜邦效力。

1920 年杜邦與法國人簽訂了第一項協定，以 60％的投資額與法國最大的粘膠人造絲製造商——人造紡織品商行合辦杜邦纖維絲公司，並在北美購得專利權。在法國技術人員的指導下，杜邦家族在紐約建立了第一家人造絲廠。

人造絲的出現，引起了從發明軋棉機以來紡織工業的最大一次革命，導致了 1924 年以後棉織業的衰落。杜邦公司又趕緊買進法國人的全部產權，以微小的代價，購得了美國國家資源委員會，在 1937 年列為 20 世紀 6 大突出技術成就中的一項，與電話、汽車、飛機、電影和無線電事業居於同等重要的地位。

接著，杜邦公司如法炮製，將玻璃紙、攝影膠捲、合成氨的產權買回美國，一個真正的化學帝國建立起來了。

當第二次世界大戰的烏雲在歐洲雲集的時候，杜邦公司的一次「以變求發展」，大轉換速度之快足以令人望而卻步。一年之間，杜邦公司召集了 300 個火藥專家，將龐大的化學帝國變成了世界上最大的軍火工業基地。

杜邦在生產內容和方式上的創新及前面講過的形象改變，是杜邦家族命運得以保持輝煌的關鍵，否則，他們一家早在人們的罵聲中敗落了。

切忌盲目競爭

一個不敢參與競爭的管理人，是無論如何也辦不好公司的，這個道理，不用多討論。關鍵是下面一個問題，公司如何競爭？

如何在市場競爭中保持不敗？這是個大問題。正確的觀點是：要想不敗，必須要摸清時勢，即市場行情，從而找到怎樣競爭的突破口；否則任何方式的競爭都是盲目的。

怎樣在老市場中打開一條新的缺口呢？即如何脫胎換骨呢？這是公司老闆考慮的第一個問題。一般講，一個公司發展到一定程度，就會有一定的市場份額，自然就存在進一步重新擴大自己競爭實力的問題。只有解決好老市場，才能開拓好新市場，否則許多問題就會理不順。

瑞典有家號稱「填空檔」的公司，其經營方針就是所謂的「人無我有，人有我專」。該公司專門經營市場上的空檔商品，只做獨家生意。例如，1984 年，瑞典的童帽市場上，硬帽多，軟帽少，這年氣候又偏冷，可保護耳朵的軟帽一時告緊，而這家公司奇蹟般地將近 50 萬頂軟帽投放市場，結果一搶而空，公司大賺了一筆。

該公司的市場行情情報十分準確，市場預測很少失誤，一旦發現空檔，立即組織貨源，及時介入，等到其他投資者也紛至杳來時，該公司又轉向其他空檔了。所以，它從來沒有與其他公司正面交鋒過。

瑞典的這家公司當然是一個打遊擊、填空檔的特殊例子，但它的經營方針卻能說明一個有普遍意義的道理，即花無百日紅，任何市場都不可能長盛不衰，一個成功的老闆，應當隨時準備轉向。

當然，本來是一個駕輕就熟的市場，人們多多少少會有戀戰的心理。很多商家吃虧就吃在這一點。藉著勢順，大量投入，大

批進貨，不思進退，一旦市場崩潰，庫存堆積如山，原想趁勢多賺一點，到頭來，還得把過去賺的利潤賠進去。可見，生意能做十分，做七八分即可，切不可做滿。

什麼時候該考慮轉向？應當從市場的症狀來看問題。一般來說，如果價格競爭十分激烈，平均利潤明顯下降，市場需求明顯衰退，大家都感到生意一年比一年難做，就意味著市場已經飽和，應當考慮轉向了。如果此時又出現了新的更好的替代產品，那麼，轉向問題就迫在眉睫了。

是否轉向，什麼時候轉向，對不同實力的商家，情況是很不一樣的。如果經營實力和競爭實力十分雄厚，在市場上本來就能左右局勢，那麼，比較正確的策略是，趁競爭對手徘徊猶豫之際，展開強有力的競爭攻勢，促使競爭對手痛下轉向的決心，迫使其離開市場，乘機奪取他們原來的客戶。

這樣，尚可在原來的市場上支持一段時間，以收取剩餘「果實」。情況較好時，競爭對手離開後的市場，還會出現較大的反彈，以回報堅守「陣地」的商家。但既然市場衰敗已成定局，那麼，你仍然得考慮適時地撤退。

如果商家的經營實力和競爭實力都是中等水準，則可運用這樣的策略：縮短戰線，集中精力經營少數幾個品種，以形成拳頭。這樣，還可維持一段時間；同時，將部分資金轉向新的市場，以形成過渡態勢。如果市場繼續惡化，則迅速撤出全部經營資源，完全離開老市場，進入新市場。

如果經營實力和競爭實力較弱，在市場上本來就沒有多大份額，也沒有獨特的優勢，那麼，此時應毫不猶豫地放棄老市場，

而且是愈快愈好。盡早退去，尚可順利地收回投資，將庫存變成現金。稍有猶豫，就極有可能成為市場衰退的犧牲品。

在一個衰退的市場上，無論實力如何，都應當將回收資金當作頭等重要的大事。在市場全盛時期，擴大投資和進貨，是市場擴張和增加利潤的有力手段，而在市場衰退時，如何緊縮進貨，回收投資，則是從容退出的有力手段。

任何一個市場在生命的末期，必定會留下一大堆積壓貨物。要減輕最終的積壓，就應當通過削價清倉等特殊手段，使資金逐步增加，存貨逐步減少。

預測市場掌握商機

世界上許多事物都會隱含著一些決定未來的玄機，經營也是如此。在經營實踐之始，如果能對市場走向保持一種悟性，培養一種靈動的觸覺，就可以更好地解析市場。這悟性和觸覺實際上也是一種必要的素質準備。

社會上的任何一種潮流或者趨勢，都是一些由過去很細微因素積累而成的。例如今日電腦的應用就不是一朝一夕、一夜間才爆發的革命。我們所見到的一些現象往往是未來的一個大趨勢。

人們若能確切地預測到未來，就能有方法去按照未來市場的需求，做好思想準備和物資準備，等待時機成熟，就能抓住機遇，成功地闖入商海，揚帆遠航。

由於人們的思想觀念不同，對未來和現在的觀察也有所不同。有些人憑著其過往的經驗，對事物有細緻入微的洞悉；而有些人則對未來完全是茫然的，他們經常會對商機視而不見，不知

不覺錯失了很多機會。所以形成一些公司能持久把握市場優勢，而大部分公司被川流不息、變動不止的潮流淘汰。因此，培養自己的市場觸覺，掌握先機，就能在商場中獲勝。

一般來說，市場預測必須配合公司內現有的情況。生意人必須要從未來市場的角度，來觀察公司內的現有資源，才能在其間尋求達成目標的方案。

公司能因環境而設定目標，是生意人本身必須具有的先見之明。若生意人固執守舊，沉湎於過去的成績，那就沒有發展前途，沒有遠大的未來。做生意應以企業環境為導向，因為外部環境的改變，一定會使其受到影響。

變化也表示了機會，若生意人能掌握此變化的機會，就可能是成功的契機；若漠視了變化，公司就會失去靈活性，喪失商機，以致在新時代中被逐漸淘汰。

公司若要仔細捕捉市場變化契機，應先盡可能充分地搜集市場資料，並作為市場預測之用，要建立好一個公司的銷售預測，一個完整的資訊來源，對資料的分析是很重要的，有了這一努力，才算在經商中初步地沾了一些商海的泡沫。

你可能拿著已經過期的資料來預測市場，然而你必須重新來，要在日新月異的商海弄潮，你的資料必須最新，甚至要走在市場之前。假如你計畫開發的產品已在市場上成為趨勢，那就根本無需搜集資料，因為已經遲了一步。

搜集回來的資料，只是一些現象和資料，如不加以分析，就是一堆沒有用的東西。生意人面對細微的事物所帶來的微小轉變，不要嫌它細小而掉以輕心，當轉變成了大趨勢，企業就可能

失去機會。

　　所以企業家應客觀冷靜地去感受資訊的影響力。書本雖可以教人做事，但做生意必須因時、因地、因事制宜，將理論知識和市場的現實情況結合起來，才能正確做判斷和分析。

　　如果你發覺有幾項生意很有潛力，就要在預測未來以後，考查一下自己的現有資源是否足以應付趨勢帶來的機會。現時的人力物力是否足以應付新計畫？現時企業的科技水準是否足以滿足市場新需求？發展計畫所需的資金要多少？

　　若資金不足，有沒有辦法向外舉債而獲取資金？公司做市場預測之時，即使找到不錯的賺錢門徑，但本身的實力如果不足以完成計畫，公司就沒有把握適應未來的方案並加以實施。所以，考核自己的實力，應從各個方面進行考察並做好準備，使自己的計畫成為可行性方案。

　　對市場未來趨勢的預測，有賴於自身的經驗和判斷力，或多或少總會帶有風險，而有效的資訊情報可將風險降至最低。自以為懂而盲目樂觀，一廂情願地以為某行業大有可為，而不加以研究分析，或不顧自己實力去做，就真正會有風險。

　　也就是說，在預測市場之前，首先要備有完善的、充分的、準確的資料，在此基礎上留心細辨，抓住其中隱含的有潛力的資訊，確定自己的經營專案和經營方向，進而確定服務形式或產品；然後就要量力而行，根據自身的能力——包括技術水準、資金儲備、人力等因素來綜合加以抉擇。

　　風險並不可怕，任何時候都不是沒有風險，等著天上掉下餡餅來是傻瓜的行為。有了一半以上的把握，那風險就值得冒一

下。對商機的把握，也就是看一個老闆的悟性。

絕對命中的商業計畫

對初創的企業來說，商業計畫的作用尤為重要，一個醞釀中的項目，往往很模糊，通過制定商業計畫，把正反理由都書寫下來，然後再逐條推敲，這樣領導者就能對這一專案有更清晰的認識。可以這樣說，商業計畫首先是把計畫中要創立的企業推銷給領導者自己。

商業計畫還能幫助將計畫中的企業推銷給投資家，公司商業計畫的主要目的之一就是為了籌集資金。

那些既不能給投資者以充分的資訊，也不能使投資者激動起來的商業計畫，其最終結果只能是被扔進垃圾筒。為了確保商業計畫能「擊中目標」，領導者應做到以下幾點：

1. 指出所處的融資階段

你的公司是處於創立期還是成長期，抑或是準備公開上市尋找戰略合作夥伴，還是準備近期併購或出售？

貸款或投資，你選擇哪一種？貸款人和投資人看報告的角度將有天壤之別，貸款人最關心「你有償還能力嗎」，而投資人則更關注「你能走多遠」。某些資訊對貸款人和投資人來說作用相同。這些資訊將在商業計畫的開端進行闡述。

2. 進行扎實的市場調查

這應是你或第三方所做的調查，它支援你的判斷，你的產品服務確實有市場、有顧客。這將形成支持你預期計畫中的價格點和假設的中流砥柱，以此向投資人或借款者表明你的公司

能獲得巨額利潤。

　　商業計畫要給投資者提供企業對目標市場的深入分析和理解。要細緻分析經濟、地理、職業以及心理等因素，對消費選擇購買本企業產品這一行為的影響，以及各個因素所起的作用。

3. 敢於利用優勢競爭

　　在商業計畫中，領導者應細緻分析競爭對手的情況。競爭對手都是誰？他們的產品是如何工作的？競爭對手的產品與本企業的產品相比，有哪些相同點和不同點？競爭對手所採用的行銷策略是什麼？

　　要明確每個競爭者的銷售額、毛利潤、收入以及市場份額，然後再討論本企業相對於每個競爭者所具有的競爭優勢。要向投資者展示，顧客偏愛本企業的原因是本企業的產品品質好、送貨迅速、定位適中、價格合適等等。

　　商業計畫要使它的讀者相信，本企業不僅是行業中的有力競爭者，而且將來還會是確定行業標準的領先者。在計畫中，領導者還應闡明競爭者給本企業帶來的風險，以及本企業所採取的對策。

4. 表明行動發展的方針

　　企業的行動進度應該是無懈可擊的。商業計畫中應該明確下列問題：企業如何把產品推向市場？如何設計生產線，如何組裝產品？企業生產需要哪些原料？企業擁有哪些生產資源，還需要什麼生產資源？生產和設備的成本是多少？企業是買設備還是租設備？同時還要解釋與產品組裝、儲存以及發送有關

的固定成本和變動成本的情況。

商業計畫中還應包括一個主要的行銷計畫，計畫中應列出本企業打算開展廣告、促銷以及公共關係活動的地區，明確每一項活動的預算和收益。商業計畫中還應簡述一下企業的銷售戰略：企業是使用外面的銷售人員還是使用內部職員？企業是使用轉賣商、分銷商還是特許商？企業將提供何種類型的銷售培訓？此外，還應特別關注一下銷售中的細節問題。

5. 展示一支強有力的團隊

好的管理是十分重要的。投資人希望看到你瞭解你的市場，並具有成功的能力。你是一個人孤軍奮戰，還是有其他人同你並肩作戰？如果是一個人，你是否打算保持這種方式？你的管理隊伍將由哪些人構成？

把一個思想轉化為一個成功的企業，其關鍵的因素就是要有一支強有力的管理隊伍。這支隊伍的成員必須有較高的專業技術知識、管理才能和多年工作經驗，要給投資者這樣一種感覺：「看，這支隊伍裡都有誰！如果這個公司是一支足球隊的話，他們就會一直殺入世界盃決賽！」領導者的職能就是計畫、組織、控制和指導公司實現目標。

在商業計畫中，首先應描述一下整個管理隊伍及其職責，然後再分別介紹每位管理人員的特殊才能、特點和造詣，細緻描述每個管理者將對公司所做的貢獻。商業計畫中還應明確管理目標以及組織機構圖。

介紹他們將在事業的成功中所扮演的重要角色。如果你的管理才能或你的管理隊伍還不夠強大，那麼要想獲得投資並成

功地創新業，你必須加強管理隊伍。

6. 爭取專業人士的幫助

聽取「好」的建議，忘掉「壞」的勸告。仔細尋找和選擇能幫助你的專業人士。在你需要請教他們之前，預先完成你自己的任務，以避免時間的拖延。為了日後的榮譽，這些法律、金融、稅收、銷售等方面的專家，可能樂於給你的公司提建議，或者一旦你付錢給他們，他們也能充當你的顧問。

一個有的放矢的商業計畫，會牢牢吸引住投資者，使初創的企業迅速發展、壯大起來。

抓住大客戶的 9 大戰略

無論企業從事何種產品的市場行銷，如果將企業的顧客按照銷售量的大小進行排名，然後按企業顧客總數的 20％ 這一數額，將排名最靠前的這些顧客的銷售量累計起來，將會發現這個累計值佔企業銷售總量的比例有多大，可能是 60％？70％？甚至 80％以上？

也就是說，企業大部分的銷售量來自於一小部分顧客，而這部分顧客就是所謂企業的大客戶。這些客戶可能是企業在某個地區的總代理，可能是某個市場部的核心顧客，也可能是一個大型的工業企業。

從嚴格意義上講，產銷矛盾是不可避免的。經銷商（中間商）是一個獨立的經濟實體，因而有他自己的經營政策和經營方法。一方面，經銷商首先考慮的是顧客的需求及本企業的經濟利益，經銷商在產品的銷售上，比較重視的是產品是否能滿足各類

顧客的需求，以獲得更大的商業利潤；另一方面，生產企業則需要經銷商的支援，才能保證銷售管道的暢通，最終實現所生產的產品既快又多地到達消費者手中，獲得相應的企業利潤。

生產企業要與客戶結成長期的合作夥伴，就要不斷地協調兩者之間的關係。一方面，要弄清客戶的需求，諸如對收到產品時間的長短有何要求，對交貨批量、批次、週期和價格有何期望，客戶是否希望企業代培推銷員和進行市場調查等等；另一方面，要瞭解自己滿足顧客的需求程度，根據實際可能，將兩者的需求結合起來，建立一個有計畫的、垂直的聯合銷售系統。

在生產企業處理與經銷商的關係時，那些銷售量在某個地區甚至在整個企業的銷售系統中，都佔有很大比例的大顧客與生產企業的關係如何，有時甚至就決定了生產企業在這個地區的市場前景和市場佔有率的高低。一個大客戶的失去，有時能使一個企業元氣大傷，尤其對一些中小型企業更是如此。

現實生活中，雖然許多企業對於這些大客戶非常重視，並且在處理與這些大客戶的關係時，經常是企業的高層主管親自出面，但是往往缺乏系統性、規範化管理。在國外，許多大型企業，為了更好地處理好與大客戶之間的關係，往往是建立一個全國性大客戶管理部。譬如，像施樂公司這樣的大企業，他們有250 個大客戶，與這 250 個大客戶之間的業務就是由大客戶管理部來處理的，其他顧客的工作，則由一般的銷售隊伍來做。

是否建立大客戶管理部要視企業的規模而定，對於規模小一點的企業，顧客數量較少，大客戶則更少，對大客戶的工作，就需要企業主管人員親自來負責；如果企業的大客戶有 20 個以

上，那麼建立大客戶管理部就很有必要了。

　　建立大客戶管理部，並從以下 9 個方面做好對大客戶的工作，是抓住大客戶的有效手段：

1. 優先滿足大客戶

　　大客戶的銷售量較大，優先滿足大客戶對產品的數量及系列化的要求，是大客戶管理部的首要任務。尤其是在銷售上存在淡旺季的產品，大客戶管理部要隨時暸解大客戶的銷售與庫存情況，及時與大客戶就市場發展趨勢、合理的庫存量及顧客在銷售旺季的需貨量進行商討，在銷售旺季到來之前，協調好生產及運輸等部門，保證大客戶在旺季的貨源需求，避免出現因貨物斷檔導致顧客不滿的情況。

2. 調動大客戶中一切與銷售相關的因素

　　許多行銷人員往往有一個錯誤觀念，那就是只要處理好與顧客的中上層主管的關係，就意味著處理好了與顧客的關係，產品銷售就暢通無阻了，而忽略了對顧客的基層營業員、業務員的工作。

　　顧客中的中上層主管掌握著產品的進貨與否、貨款的支付等大權，處理好與他們的關係固然重要，但產品是否能夠銷售到消費者手中，卻與基層的工作人員如營業員、業務員、倉庫保管員等有著更直接的關係。

　　特別是對一些技術性較強、使用複雜的大件商品，大客戶管理部更要及時組織對顧客的基層人員的產品培訓工作，或督促、監督行銷人員加強這方面的工作。經常可以看到，在某些顧客單位中遇到的問題，並不是來自於顧客單位的高層或中

層，而是來自於基層，因此充分調動起顧客中的一切與銷售相關的因素，是提高大客戶銷售量的一個重要因素。

3. 首先在大客戶之間推行新產品的試銷

大客戶在對一個產品有了良好的銷售業績之後，在它所在的地區對該產品的銷售也就有了較強的商業影響力。新產品在大客戶之間的試銷，對於收集顧客及消費者對新產品的意見和建議，具有較強的代表性和良好的時效性，便於生產企業及時做出決策。

在新產品試銷之前，大客戶管理部應提前做好與大客戶的前期協調與準備工作，以保證新產品的試銷能夠在大客戶之間順利進行。

4. 關注大客戶的一切公關及促銷活動

大客戶作為生產企業市場行銷的重要一環，企業對大客戶的一舉一動都應該給予密切關注，利用一切機會加強與顧客之間的感情交流。譬如，大客戶的開業周年慶典、客戶獲得特別榮譽、客戶的重大商業舉措等，大客戶管理部都應該隨時掌握資訊並報請上級主管，及時給予支持或協助。

5. 要有計畫地拜訪大客戶

一個有著良好行銷業績的公司的行銷主管，每年大約有1/3 的時間是在拜訪顧客中度過的，而大客戶正是他們拜訪的主要對象。大客戶管理部的一個重要任務，就是為行銷主管提供準確的資訊，協助安排合理的日程，以使行銷主管有目的、有計畫地拜訪大客戶。

6. 和每個大客戶一起設計促銷方案

　　每個顧客都有不同的情況，如區域的不同、經營策略的差別、銷售專業化的程度等。為了使每一個大客戶的銷售業績都能夠得到穩步的提高，大客戶管理部應該協調行銷人員、市場行銷策劃部門，根據客戶的不同情況與大客戶共同設計促銷方案，使大客戶感受到他是被高度重視的。

7. 經常徵求大客戶意見，調整行銷人員

　　市場行銷人員是企業的代表，市場行銷人員工作的好壞，是決定企業與顧客關係的一個至關重要的因素。由於市場行銷人員的文化水準、生活閱歷、性格特性、自我管理能力等方面的差別，也決定了市場行銷人員素質的不同。

　　大客戶管理部對負責處理與大客戶之間業務的市場行銷人員的工作，不僅要協助，而且要監督與考核，對於工作不力的人員要據實向上級主管反映，以便人事部門及時安排合適的人選。

8. 對大客戶制定適當的獎勵政策

　　生產企業對大客戶採取適當的激勵措施，如各種折扣、合作促銷讓利、銷售競賽、返利等，可以有效地刺激客戶的銷售積極性和主動性，對大客戶的作用尤其明顯。一汽集團就曾經拿出 40 輛「小紅旗」、「都市高爾夫」、「捷達」轎車、「解放」麵包車及 40 萬元現款（合計 600 萬元）重獎行銷大戶及先進個人。大客戶管理部應負責對這些激勵政策的落實。

9. 保證與大客戶之間資訊及時、準確的傳遞

　　大客戶的銷售狀況事實上就是市場行銷的「晴雨表」，大

客戶管理部很重要的一項工作，就是對大客戶的有關銷售資料進行及時、準確地統計、匯總、分析，並上報上級主管，通報給生產、產品開發與研究、運輸、市場行銷策劃等部門，以便針對市場變化及時進行調整。這是企業以市場行銷為導向的一個重要前提。

大客戶管理是一項涉及到生產企業的許多部門、要求非常細緻的工作，大客戶管理部要與自己的組織結構中的許多部門取得聯繫（如銷售人員、運輸部門、產品開發與研究部門、產品製造部門等），協調他們的工作，滿足顧客及消費者的需要。

大客戶管理工作的成功與否，對整個企業的行銷業績具有決定性的作用。大客戶管理部只有調動起企業的一切積極因素，深入細緻地做好各項工作，牢牢地抓住大客戶，才能以點帶面，使企業行銷主管道始終保持良好的戰鬥力和對競爭對手的頑強抵禦力。

追求實力，不圖虛名

政治人物或企業家應該高瞻遠矚，不應該熱衷於評獎等各類名目，給自己帶來聲望和其他利益，真正的榮譽應來自於實力和成績。

很多企業經營者熱衷於聲望的提高，喜歡參加「大企業家」、「企業名流」、「傑出才俊」等的評選。幾經周折，終於當選，頒獎大會風光熱鬧，報刊雜誌轟動一時，親朋好友慶賀一陣，事實上對企業家個人的領導經營能力、公司運行的好壞，並沒有實際的幫助，也無法增加個人財富。

更有甚者，只不過是被主辦單位利用作拉贊助、湊熱鬧的工具，背後反遭人恥笑、暗罵者，亦不在少數。企業家應重視的是「名實相符」、「實至名歸」。要名實相符、實至名歸，不可能靠少數人選拔、投票、抽籤或走後門得來，一定要靠自己的實力及經營的成效。只有實力與成效，才能保有你的地位與財富。

很多國家的政治人物，經常接受民意機構有關聲望的測驗。但是，很少有政治人物在意這種測驗得來的聲望。因為，聲望就像溫度計的上升與下降一樣，一件偶然的善事，可能將你送上聲望的高峰，一件突發的事件，你的聲望也可因之跌入谷底。昨天的聲望與今天的聲望，甚至像股票的暴漲暴跌般，有天壤之別。假如政治家天天關心的是自己的聲望如何，那他簡直什麼事都不能做了。

經商也和從政一樣，不可過分在意自己的名望，更不可相信名望能為你帶來什麼實際利益，「虛名」只會累人而不會助人。實至名歸、名實相符的企業家，是在自然而然的情況下，得到社會大眾的認可，而不是靠大眾傳媒或選拔機構的吹噓瞎捧製造出來的。

過分在意名望的人，只會被人利用、恥笑。在吹捧情況下造出的聲望，被吹被捧的一方既不自在也不愜意，而吹捧的一方自己也不相信，最後等於是一場鬧劇。即使被吹被捧的人自以為是，末了也會發現是黃粱夢一場，什麼也沒得到。

有一種人以自己的名字上報為榮，作為得志之始。例如一大群重要人物至機場迎接或歡送某要人，第二天的報紙自然會寫：「……昨日至機場歡送的有×××、×××……等數百人」。那

麼，就有那種到機場聊陪末座、端茶遞水的人，在機場拉著記者到牆角：「拜託，一定要把我的名字掛上去，最後一個也可以。」回家之後，又不放心，三番兩次打電話懇求、拜託。

記者拗不過這種嘮叨，很勉強地把他的名字寫上去。這下子他自認為可以吹牛了：你們大家看，我的名字已經與這些重要人物擺在一起了。一副志得意滿、躊躇滿志的架勢。試想，用這種方式得來的「名」或「聲望」，有什麼意義可言，又有什麼令人尊敬之處呢？

商業的基本精神是追求利潤，企業家的責任在於財富的創造。只要你有能力追求利潤，創造財富，而又不忘記企業的社會責任，企業家的聲望自會如影隨形而來，實在用不著任何人的選拔或吹捧。反之，你經營的企業年年虧損，縱使你醉心於虛名的追求、聲望的培養，到頭來退股倒閉，這些虛名、聲望還不是有如春水東流一去不回嗎？

尊重你的競爭對手

對手是什麼？

如果說，你是一匹賽馬，那麼對手就是逐鹿場上的另一些賽馬。

有時，一個產品的開發，一個市場的拓展，正是由於對手的存在才得以實現的。對手之間的公平競爭和精彩對決，創造出令人目不暇接的商業神話，才使整個商業世界熱鬧非凡，充滿生機。

因此，在某種意義上，永遠不要試著去消滅你的對手，有時候更要樂於看到對手的強盛。

對一個產業和企業家而言，最具危機的，不是看到對手的日益強盛，而是目睹對手的衰落——在很大程度上，這預示著一個產業正走向夕陽，或市場競爭方式的老化。

對手又是什麼？

如果說，你是一對拳擊手套的這一隻，那麼對手就是另一隻。

因此，一個相稱的對手的選擇過程，就是一個產品的市場定位過程。

在百事可樂最初的 70 年裡，它一直是一種地方性的飲料品牌，直到 21 世紀初，它找準了一個對手——老牌的可口可樂，並相應制定出「年輕一代」的品牌策略。一個新的時代開始了。

於是這對偉大的對手，從彼此的身上尋找到了靈感和衝動，並造就了一場偉大的競爭。正如後來的經濟學家所評論的：「百事可樂最大的成功是找到了一個成功的對手。」

對手還是什麼？

如果說，你是一枚硬幣的這面，那麼對手就是硬幣的另一面。

因此，尊重你的對手，尊重彼此之間的遊戲規則，就是尊重你自己。

在 20 世紀 70 年代的美國新聞界，《華盛頓郵報》和《華盛頓明星新聞報》是一對競爭最激烈的死對頭。

1972 年，水門事件最初被《郵報》披露。為了以示懲罰和

恐嚇，總統尼克森表示只接受《新聞報》獨家採訪，而把《郵報》記者趕出了白宮。

就在這時，《新聞報》卻發表了一個大大出乎白宮意料之外的社論：它不會作為白宮洩憤的工具來反對自己的競爭者，如果《郵報》記者不能進入白宮，他們也將停止採訪。

這樣的對手，這樣的競爭，20年後說起來還不禁讓人悠然神往，肅然起敬。

好朋友難找，而好對手似乎更難尋。

尊重你的對手——如果是一個好的對手，你更要珍惜他，甚至熱愛他。

然而，在當今的市場上，卻很難找到堪稱楷模的對手，相反，在競爭中給對手出難題、「射暗箭」，乃至互相拆台製造醜聞的小動作，倒成了「不二法門」，頗為流行。

而所有這些，還都被看成是市場競爭意識強烈的表現。

我們在呼喚一種成熟的市場競爭觀的同時，是不是應該先培養一種成熟的「對手觀」？

日本三洋電機的創始人井植熏在向客人介紹自己企業的同時，總要帶著尊重的口氣，花幾乎相同的時間來介紹同行業的強勁對手：索尼、松下、夏普電器……

或許就是這種「尊重」，才使日本的電器能從一種集團的態勢傲然縱橫於世界市場。

對企業家來說，什麼時候學會了尊重對手和按牌理出牌，學會了選擇和研究對手，學會了以世界的眼光來看待產業進步和產品競爭，這才是真正地走進了世界經濟的殿堂。

就定位：屁股管理學

作　　　者	王祥瑞
發 行 人	林敬彬
主　　　編	楊安瑜
責 任 編 輯	陳亮均
助 理 編 輯	黃亭維
美 術 編 排	于長煦（帛格有限公司）
封 面 設 計	高名辰

出　　　版　大都會文化事業有限公司
發　　　行　大都會文化事業有限公司
11051台北市信義區基隆路一段432號4樓之9
讀者服務專線：(02)27235216
讀者服務傳真：(02)27235220
電子郵件信箱：metro@ms21.hinet.net
網　　　址：www.metrobook.com.tw

郵 政 劃 撥　14050529 大都會文化事業有限公司
出 版 日 期　2013年5月初版一刷
定　　　價　250元
I S B N　978-986-6152-71-9
書　　　號　Success063

First published in Taiwan in 2013 by
Metropolitan Culture Enterprise Co., Ltd.
4F-9, Double Hero Bldg., 432, Keelung Rd., Sec. 1, Taipei 11051, Taiwan
Tel:+886-2-2723-5216　Fax:+886-2-2723-5220
Web-site:www.metrobook.com.tw
E-mail:metro@ms21.hinet.net
Copyright © 2013 by Metropolitan Culture Enterprise Co., Ltd.

◎本書如有缺頁、破損、裝訂錯誤，請寄回本公司更換。

版權所有　翻印必究
Printed in Taiwan. All rights reserved.
Cover Photography: front, shutterphoto / 39129199；istockphoto / Business Rocket / #18254879
back, insockphoto / Business Rocket / #18254879

國家圖書館出版品預行編目資料

就定位：屁股管理學/王祥瑞著. -- 初版. --
臺北市：大都會文化, 2013.05
304面；21×14.8公分.
ISBN 978-986-6152-71-9（平裝）
1.企業領導 2.組織管理
494.2　　　　　　　　102005518

大都會文化　讀者服務卡

書名：**就定位：屁股管理學**

謝謝您選擇了這本書！期待您的支持與建議，讓我們能有更多聯繫與互動的機會。

A. 您在何時購得本書：_____年_____月_____日

B. 您在何處購得本書：_____書店，位於_____(市、縣)

C. 您從哪裡得知本書的消息：

　　1.□書店　2.□報章雜誌　3.□電台活動　4.□網路資訊

　　5.□書籤宣傳品等　6.□親友介紹　7.□書評　8.□其他

D. 您購買本書的動機：（可複選）

　　1.□對主題或內容感興趣　2.□工作需要　3.□生活需要

　　4.□自我進修　5.□內容為流行熱門話題　6.□其他

E. 您最喜歡本書的：（可複選）

　　1.□內容題材　2.□字體大小　3.□翻譯文筆　4.□封面　5.□編排方式　6.□其他

F. 您認為本書的封面：1.□非常出色　2.□普通　3.□毫不起眼　4.□其他

G.您認為本書的編排：1.□非常出色　2.□普通　3.□毫不起眼　4.□其他

H. 您通常以哪些方式購書:(可複選)

　　1.□逛書店　2.□書展　3.□劃撥郵購　4.□團體訂購　5.□網路購書　6.□其他

I. 您希望我們出版哪類書籍：（可複選）

　　1.□旅遊　2.□流行文化　3.□生活休閒　4.□美容保養　5.□散文小品

　　6.□科學新知　7.□藝術音樂　8.□致富理財　9.□工商企管　10.□科幻推理

　　11.□史地類　12.□勵志傳記　13.□電影小說　14.□語言學習（_____語）

　　15.□幽默諧趣　16.□其他

J. 您對本書(系)的建議：

_____

K. 您對本出版社的建議：

_____

讀者小檔案

姓名：_____　性別：□男　□女　生日：____年____月____日

年齡：□20歲以下 □21～30歲 □31～40歲　□41～50歲 □51歲以上

職業：1.□學生 2.□軍公教 3.□大眾傳播 4.□服務業 5.□金融業 6.□製造業

　　　7.□資訊業 8.□自由業 9.□家管 10.□退休 11.□其他

學歷：□國小或以下 □國中 □高中／高職 □大學／大專 □研究所以上

通訊地址：_____

電話：（H）_____　（O）_____　傳真：_____

行動電話：_____　E-Mail：_____

◎謝謝您購買本書，也歡迎您加入我們的會員，請上大都會文化網站 www.metrobook.com.tw
登錄您的資料。您將不定期收到最新圖書優惠資訊和電子報。

就定位

10堂課 屁股管理學
變身職場鋼鐵人

北 區 郵 政 管 理 局
登記證北台字第9125號
免 貼 郵 票

大 都 會 文 化 事 業 有 限 公 司

讀 者 服 務 部 　 　 收

11051台北市基隆路一段432號4樓之9

寄回這張服務卡〔免貼郵票〕
您可以：
◎不定期收到最新出版訊息
◎參加各項回饋優惠活動